城市规划理论与实践研究

叶丽娟　刘生鑫　周国平　著

山东画报出版社
济南

图书在版编目（CIP）数据

城市规划理论与实践研究 / 叶丽娟, 刘生鑫, 周国平著. –– 济南 : 山东画报出版社, 2024.2
ISBN 978-7-5474-4678-2

Ⅰ. ①城… Ⅱ. ①叶… ②刘… ③周… Ⅲ. ①城市规划 – 研究 Ⅳ. ①TU984

中国国家版本馆CIP数据核字(2023)第255980号

CHENGSHI GUIHUA LILUN YU SHIJIAN YANJIU
城市规划理论与实践研究
叶丽娟 刘生鑫 周国平 著

责任编辑 郑丽慧 张飒特
装帧设计 蓝 博
内文插图 陈宏伟

主管单位 山东出版传媒股份有限公司
出版发行 山东画报出版社
　　　　　社　　址 济南市市中区舜耕路517号　邮编 250003
　　　　　电　　话 总编室（0531）82098472
　　　　　　　　　　市场部（0531）82098479
　　　　　网　　址 http://www.hbcbs.com.cn
　　　　　电子信箱 hbcb@sdpress.com.cn
印　　刷 武汉鑫佳捷印务有限公司
规　　格 185毫米×260毫米　16开
　　　　　10.25印张　230千字
版　　次 2024年2月第1版
印　　次 2024年2月第1次印刷
书　　号 ISBN 978-7-5474-4678-2
定　　价 72.00元

前　言

　　随着城市化的不断推进和全球城市面临的多元挑战，城市规划作为一门综合性的学科，正扮演着日益重要的角色。《城市规划理论与实践研究》立足于城市规划领域的最新理论和实践成果，旨在为城市规划领域的研究者、从业者以及学习者提供一份全面、深入的参考资料。第一章从城市规划的发展历史切入，追溯城市规划在不同历史时期的演变，探讨其受到的不同文化、社会和经济因素的影响。深刻理解城市规划的过去，有助于我们更好地理解现代城市规划的挑战和机遇。第二章聚焦城市发展与空间结构，分析城市发展模式的演变及趋势，揭示城市空间结构的变化和特征，为科学合理的城市布局提供理论支持。第三章将城市规划置于环境与生态的角度，强调城市的生态环境保护与修复，探讨可持续城市发展策略，并深入研究生态规划在城市设计中的应用，以促进城市向更加生态友好的方向发展。第四章着眼于城市交通与交通规划，分析城市交通问题，并提出解决方案，详细阐述公共交通系统规划与建设的原则和步骤，引领城市交通系统的智能化发展。第五章聚焦城市公共设施与服务设施规划，系统研究公共设施的空间布局与供给，探讨城市文化设施、教育设施以及应急救援设施与社会服务设施的规划，为构建更健康、更具活力的城市社会提供战略性支持。第六章深入社区规划与居住环境，探讨社区规划原则与方法，关注居住环境品质，提出多元化居住模式与社区共享设施的理念，以提高城市居民的生活质量。第七章关注城市更新与历史文化保护，深入城市更新与旧城改造，探讨历史文化遗产的保护与传承，以及文化创意产业与城市活力的重塑。最后，第八章通过国际比较，总结国际城市规划经验与案例分析，探讨新型城市规划理念与方法，展望未来城市规划的发展趋势。这一章旨在帮助读者更好地理解国际上先进的城市规划实践，为我国城市规划的创新与进步提供借鉴和启示。

　　通过全书系统性的探讨，我们期望读者能够全面把握城市规划的核心理论、关键原则以及实际操作方法。希望本书能够成为城市规划领域的学术研究者、从业者和学习者的重要参考，激发更多关于城市可持续发展的深刻思考和探讨。

作者

2023.12

目 录

Contents

第一章　城市规划概述

第一节　城市规划的发展历史

一、古代城市规划的初步探索

古代城市规划的初步探索根植于早期人类文明的发展。随着农业和手工业的兴起，人类逐渐从游牧生活转变为聚居并形成定居点。这一转变使得人类社会开始形成初步的城市规划，其背后反映了社会组织和资源利用的需求。

（一）古希腊城邦的规划特点

1.防御性规划

古希腊城邦是古代城市规划的杰出代表，其规划强调城市的防御性质。城邦的核心区域通常被筑有坚固的城墙，这不仅是对外部威胁的防范，同时也为居民提供了安全的居住环境。

2.军事战略性布局

城邦的布局具备一定的军事战略性，考虑到城市的地理位置和周围环境。高地通常用于城市的防御要塞，而城市的组织结构则围绕着这些要塞展开，形成了独特的城市布局。

3.居民生活的保障

尽管强调了军事防御，但古希腊城邦的规划也兼顾了居民的生活需求。城市中会划分出市场区、居住区等不同功能区域，使居民能够方便地获取生活所需。

（二）古罗马城市规划的创新

1.实用性与组织性

古罗马的城市规划在古代世界中同样占有重要地位。罗马城的规划注重实用性和组织性，体现在对城市功能分区的初步认识。城市规划师开始考虑如何更好地组织城市，使其更具有结构性和实际应用性。

2.区域划分的实践

罗马城将城市划分为不同的区域，如政治中心、商业区、居住区等。这种区域划分不仅为城市的组织提供了基础，也为城市发展奠定了初步的管理体系。

3. 后期影响

古罗马城市规划的实用性和组织性对后来的城市规划产生了深远的影响。在中世纪和文艺复兴时期，城市规划师们参考了罗马的实践，使其成为城市规划的经验之一。

4. 影响与启示

古代城市规划的初步探索不仅在当时为城市的组织提供了基础，更在后来的城市规划发展中产生了深远的影响。这一时期的城市规划体现了对防御性、组织性和实用性的关注，为后来的城市规划奠定了理论和实践的基础。

二、文艺复兴时期的城市规划理念

(一) 人文主义的影响

1. 人文主义思想的兴起

文艺复兴时期，城市规划的理念发生了根本性的转变，受到了人文主义思想的深刻影响。人文主义强调对人类文化、艺术和文学的重视，将人的尊严和创造力置于核心地位。这一思想的兴起在城市规划中掀起了一股新的思潮。

2. 美学和人文层面的关注

人文主义的影响使得城市规划更多地关注美学和人文层面。城市规划师开始认识到城市不仅是一个生活的空间，更是一个文化的载体。因此，规划不再仅仅是对土地的利用，更是对城市文化、历史和人文精神的传承。

3. 艺术和文化的融入

在人文主义的引导下，城市规划家们积极将艺术和文化融入规划中。城市布局、建筑设计开始追求更具艺术性和文化性的表达，旨在打造一个具有人文精神的城市环境。这一转变为城市规划赋予了更为丰富的内涵。

(二) 达·芬奇和米开朗琪罗的贡献

1. 以人文主义为基础的城市规划理念

在意大利，达·芬奇和米开朗琪罗等杰出城市规划家提出了以人文主义为基础的城市规划理念。他们强调通过城市设计来展现城市的艺术性和人文性，将人文主义思想融入城市规划的方方面面。

2. 对城市美学价值的强调

达·芬奇和米开朗琪罗的贡献在于强调城市的美学价值。他们认为城市规划和建筑设计应该体现出对美的追求，将艺术元素融入城市的方方面面，从而提升城市居民的生活品质。

3. 建筑和城市规划的整合

这一时期，城市规划师们开始更紧密地将建筑和城市规划整合起来。达·芬奇和米开朗琪罗等人通过其在绘画与雕塑领域的杰出成就，影响了城市规划师对城市美学的理解，使得城市规划成为艺术和技术的完美结合。

三、工业化时期的城市规划挑战与应对

（一）工业化带来的挑战

1. 人口剧增与土地压力

随着工业化的迅猛发展，城市面临人口的大规模增长。工业化进程的加快使得大量农民和外来劳动力涌入城市，导致城市人口剧增，土地使用压力巨大。城市规划师不得不面对如何合理利用有限的土地资源的难题。

2. 交通压力与环境问题

工业化带来了大量交通需求，城市交通面临前所未有的挑战。交通拥堵、空气污染等问题愈发显著，影响着居民的生活质量。城市规划需要寻找有效的方式来缓解交通压力，并保护城市环境。

（二）城市规划的转变与创新

1. 从功能分区到科学系统化

面对工业化带来的挑战，城市规划理念开始从传统的城市功能分区模式转变为更为科学和系统化的方法。城市规划师认识到城市是一个复杂的系统，需要更全面的规划来解决多方面的问题。

2. 实际问题的解决与政府干预

城市规划师开始注重解决城市面临的实际问题，如如何合理划分工业区与居住区，如何优化交通流畅度。政府逐渐介入城市规划的制定与实施，成为规划的主导者和推动者。

3. 引入科学方法与技术手段

为了更好地解决工业化时期的城市挑战，城市规划逐渐引入更多科学方法和技术手段。统计学、地理信息系统（GIS）等工具的应用使得规划更具准确性和科学性，帮助规划师更好地了解城市的运行机制。

（三）实践与成效

1. 工业区与居住区的合理划分

城市规划在工业化时期面临的首要问题之一是如何合理划分工业区与居住区。通过科学的规划，成功将工业区与居住区进行有效隔离，减轻了居民的生活压力，提高了城市的宜居性。

2. 交通流畅的优化

城市规划师通过引入先进的交通管理理念，优化了城市交通的流畅度。建设更多的交通枢纽、改善道路网络、推广公共交通等措施有效缓解了交通压力，提高了城市的交通效率。

3. 环境保护与可持续发展

工业化时期的城市规划不仅注重解决眼前问题，还提出了环境保护和可持续发展的理念。通过规划合理的绿地、建设环保设施等方式，成功改善了城市环境，为城市未来的可

持续发展奠定了基础。

四、现代城市规划理念的形成

在 20 世纪初，城市面临着巨大的变革和挑战。工业化带来了城市的急剧扩张，社会结构发生了深刻的变化。城市规划迫切需要适应新的现实，更加科学、系统地引导城市的发展。

（一）奥姆斯特德（Olmstded）和哈罗德·波登沙茨（Harald Bodenschatz）的贡献

1.奥姆斯特德的城市功能分区概念

奥姆斯特德是现代城市规划理念形成过程中的重要人物之一。他提出了城市功能分区的概念，强调将城市划分为不同的功能区域，如居住区、商业区、工业区等。这种功能分区的理念为城市的有序发展提供了清晰的蓝图。

2.哈罗德·波登沙茨的城市总体规划理念

哈罗德·波登沙茨在城市规划领域提出了城市总体规划的概念，强调对整个城市进行系统的规划。他关注城市各部分之间的相互关系，提出了整体性的规划理念，旨在使城市的发展更为协调和有序。

（二）现代城市规划理念的核心特征

1.系统性和整体性的强调

现代城市规划理念的形成突出了系统性和整体性。规划师们开始将城市视为一个有机的整体，强调各部分之间的相互影响和协调。这一理念不仅使得城市规划更加科学，也有助于避免片段化的发展。

2.功能分区和总体规划的融合

奥姆斯特德和哈罗德·波登沙茨的理念在实践中逐渐融合。功能分区和总体规划不再是相互独立的概念，而是相辅相成的。城市规划师们开始综合考虑不同功能区的布局，并将其纳入更大范围的城市总体规划中。

第二节　城市规划的基本概念和原则

一、城市规划的基本概念

（一）城市规划的综合性学科

1.城市规划的定义与范围

城市规划是一门跨学科的综合性学科，致力于研究城市的空间组织、资源配置、环境保护等方面。其研究范围涵盖广泛，包括但不限于社会、经济、环境等多个领域，旨在实现城市的可持续发展。

2.规划师的角色与任务

城市规划要求规划师在规划过程中兼顾多方面因素，如社会需求、经济可行性和环境影响。规划师需要通过专业知识和技能来提供合理的城市设计方案，以促进城市的健康发展。

3.城市规划的多元影响因素

城市规划不仅需要考虑城市内部的问题，还需关注城市与周边地区的相互关系。多元的影响因素包括人口增长、技术发展、文化变迁等，这些因素共同塑造城市的发展轨迹。

（二）城市设计的重要性

1.城市设计概述

城市设计作为城市规划的基本概念之一，关注如何通过布局、建筑风格等手段来创造宜居的城市环境。它追求在城市空间中实现功能性、美学和文化因素的有机融合。

2.功能性与美学的平衡

城市设计不仅强调建筑的功能性，更注重美学和文化因素的考虑。通过合理的空间布局和建筑设计，城市能够呈现出更具吸引力和人性化的面貌。

3.人文关怀的城市空间

城市设计的目标之一是打造具有人文关怀的城市空间。这包括创造社区交流的场所、强调人与自然的和谐关系，以及通过建筑和景观设计传递人文关怀的理念。

（三）土地利用规划的关键性

1.土地利用规划概述

土地利用规划是城市规划的核心概念之一，涉及如何合理分配和利用城市的土地资源。它旨在确保土地使用的经济效益和社会效益最大化。

2.区域用途的划分与管理

土地利用规划包括确定不同区域的用途，如住宅区、商业区、工业区等。通过科学的划分和管理，可以最大程度地提高土地利用效率，推动城市的可持续发展。

3.环境保护与可持续发展

土地利用规划还需要考虑环境保护和可持续发展的因素。通过合理规划，可以最大限度地减少对自然环境破坏，实现城市与自然的和谐共生。

（四）社区规划的社会关怀

1.社区规划的定义与目标

社区规划强调在城市规划中关注和尊重社区居民的需求和意愿。其目标是通过规划手段促进居民更积极地参与城市发展，形成更具社会凝聚力的社区。

2.居民参与社会凝聚

社区规划强调居民参与城市规划的过程。通过与居民的合作，规划师可以更好地理解社区需求，从而制定更切实可行的规划方案。这种参与不仅增强了规划的可行性，还促进了社区内部的凝聚力。

3.社区规划与公共服务

社区规划还关注公共服务的合理配置，包括教育、医疗、文化等方面。通过规划公共服务设施的布局，可以更好地满足社区居民的生活需求，提升社区的整体品质。

（五）城市规划的理论体系

1.城市规划的多学科理论支持

城市规划的理论体系不仅包括上述概念，还涵盖了城市经济学、社会学、地理学等多个学科的理论支持。这种多学科的理论支持使得城市规划更为全面、系统。

2.城市经济学与规划的关系

城市经济学为城市规划提供了经济可行性的理论基础。规划师需要考虑城市的经济结构和发展动力，以制定符合城市发展趋势的规划策略。

3.社会学与城市规划的交叉

社会学为城市规划提供了关于社会需求、文化变迁等方面的理论支持。通过社会学的视角，规划师能更好地理解居民的社会行为和文化背景，从而在规划中考虑到社会的多样性和包容性。

4.地理学对城市空间分析的贡献

地理学为城市规划提供了空间分析的理论基础。规划师通过地理学的方法，可以研究城市的地理特征、地形、气候等因素，从而更科学地规划城市的布局和发展方向。

二、城市规划的基本原则

（一）可持续性原则

1.可持续性原则

（1）可持续发展的背景与定义

可持续性原则根植于可持续发展的理念，旨在在城市规划中综合考虑社会、经济、环境三个方面，以实现平衡发展。可持续发展强调满足当前需求的同时，不损害未来世代的生活质量，为城市规划提供了全面而长远的指导。

（2）社会、经济、环境的平衡发展

可持续性原则首先强调的是对社会、经济、环境三个层面的平衡发展。规划师在设计城市布局和发展战略时，需要考虑社会公平、经济效益和环境健康之间的协调关系，确保一个方面的发展不以牺牲其他方面为代价。

（3）长期规划与未来世代关注

可持续性原则要求规划师不仅关注当前的城市需求，还要考虑未来世代的生活质量。这意味着规划方案应具有长远的眼光，预测和避免可能对环境和社会产生负面影响的因素，以确保城市的可持续发展。

2.资源的有效利用

（1）资源利用的重要性

可持续性原则中，资源的有效利用是一个核心概念。城市规划需要充分认识到土地、水资源、能源等资源的有限性，因此，通过科学合理的规划，以确保资源的可持续利用，成为规划师的关键任务。

（2）科学规划与资源效率提升

科学规划是实现资源有效利用的关键手段。规划师可以通过利用地理信息系统（GIS）、大数据分析等技术手段，对城市资源进行全面的评估，从而在城市规划中实现最佳资源配置，提高资源的利用效率。

（3）减少资源浪费的策略

可持续性原则要求规划师采取措施减少资源浪费。这包括通过可再生能源的利用、循环经济的推动以及废弃物处理等手段，最小化资源的浪费，实现资源的最大程度再生利用。

（二）参与性原则

1.参与性原则

参与性原则突出社区居民在城市规划中的重要性，旨在倡导规划过程中积极纳入居民的意见、需求和期望。这一原则根植于社会民主理念，认为城市规划不仅是专业规划师的责任，也需要社区居民广泛参与，以确保规划更具实际可行性和公平性。

（1）居民参与规划实践

在参与性原则的指导下，规划师应当以居民为中心，倾听和理解他们的需求。通过与社区居民的紧密合作，规划师能够更好地把握社区的独特性，制定更切实可行、贴近实际的规划方案。

（2）参与性原则的理论基础

参与性原则得到社会学、政治学等多个学科的支持。社会学强调社区居民的主体性和多样性，政治学强调民主决策的必要性。这些理论基础为参与性原则提供了学术支持，使其在城市规划中得到广泛应用。

2.公众参与的机制建设

为实现参与性原则，城市规划需要建立有效的公众参与机制。机制的建设对于确保居民的广泛参与、充分吸纳各方意见至关重要。这包括明确的流程、开放透明的沟通方式等。

（1）公开听证会的运作

公开听证会是一种常见的公众参与机制。规划师可以通过组织公开听证会，让社区居民直接表达意见和建议。这种机制促使规划更加民主化，确保决策更符合多数人的期望。

（2）社区讨论会的组织

社区讨论会是另一种有效的参与机制。规划师可以通过定期组织社区讨论会，深入了解居民对规划的看法，并借此促进社区居民之间的互动与合作，形成更加紧密的社区网络。

（三）灵活性原则

1.适应变化的能力

首先，城市规划的灵活性原则必须建立在深刻理解城市动态变化的基础上。规划师需要透彻分析多方面因素对城市的影响，包括经济、社会、科技等方面的变化。通过深入研究这些变化的根本原因和趋势，规划师能够更全面地把握城市的发展动态，为规划提供更有远见和前瞻性的指导。

其次，为了更好地适应未来的变化，规划师需要借助先进的预测方法。数据模型和趋势分析等工具成为规划中不可或缺的组成部分。通过对历史数据和当前趋势的分析，规划师可以更准确地预测未来可能发生的变化。这种预测能力使规划更有针对性，有助于制定更具前瞻性的规划方案。

再次，规划师在制定规划时应该考虑到多种可能的发展路径，并设立相应的调整机制。城市的变化是多元而复杂的，规划师需要具备战略眼光，设想多种未来发展的可能性。在规划框架的设计上，需要注重弹性和可调整性，以应对未来变化的不确定性。政策的设计也应具备灵活性，能够根据城市的实际情况进行调整和优化。

在分析一些城市规划成功案例时，可以发现适应变化的能力在实践中的重要性。例如，新加坡作为一个成功的城市规划典范，其规划不仅考虑了城市基础设施的建设，还注重了社会的可持续发展和环境的保护。这种全面而灵活的规划使得新加坡在面临经济、社会和环境变化时能够迅速做出相应调整，保持城市的可持续发展。

最后，通过对成功案例的经验总结，规划师可以更有针对性地应对未来城市变化的挑战。例如，东京作为一个高度发达的城市，其规划成功的经验在于紧密结合科技创新，推动城市的智能化和可持续发展。规划师可以从中学到如何整合科技手段，促进城市发展的创新和变革。

总的来说，适应变化的能力是城市规划中不可或缺的要素。通过深刻理解城市动态变化、借助先进的预测方法、设立调整机制以及总结成功案例的经验，规划师可以更好地应对未来的挑战，实现城市规划的灵活性原则，推动城市朝着可持续、智能化的方向发展。

2.创新的规划方法

首先，实现城市规划的灵活性原则需要深入思考和采用创新的规划方法。这一创新的方向包括引入先进的科技手段，以应对城市面临的日益复杂和多变的挑战。其中，智能城市技术和大数据分析成为推动城市规划创新的关键因素之一。

其次，智能城市技术的引入为城市规划带来了新的可能性。通过整合物联网（IoT）设备、传感器和智能系统，城市能够实时收集大量的数据，从而更全面、准确地了解城市运行状况。这些数据可以涵盖交通流量、环境质量、人流动态等多个方面，为规划师提供更为翔实的信息基础。例如，智能交通管理系统可以通过实时监测交通流量、预测交通拥堵，优化道路规划和公共交通线路，提高城市交通效率。

再次，大数据分析作为智能城市的重要组成部分，为规划决策提供了强大的支持。通过对大规模数据的深度挖掘和分析，规划师能够发现城市发展的趋势、人口流动的规律以及各类资源的分布情况。这使得城市规划更具前瞻性，能够更好地预测未来的发展方向。此外，大数据分析还能够帮助规划师评估不同方案的效果，从而优化规划策略，提高规划的实施效果。

最后，为了将创新的规划方法有效地融入城市规划实践，需要建立起跨学科的合作机制。城市规划不再仅仅是建筑、交通、环境等专业领域的单一问题，而是需要融合信息技术、社会科学、环境科学等多个领域的知识。跨学科的合作有助于规划师从不同维度理解城市的复杂性，为规划决策提供更全面的信息。例如，社会科学家可以分析城市居民的行为模式，从而指导规划师更好地满足居民的需求。

总体而言，采用创新的规划方法是实现城市规划灵活性原则的必然选择。智能城市技术和大数据分析为规划师提供了更为强大的工具，使得规划更加精准、高效。同时，跨学科的合作机制有助于打破学科壁垒，为规划决策提供更为全面的支持。通过不断推进创新，城市规划可以更好地适应未来的变化，实现可持续、智能化、人性化的城市发展。

第三节　城市规划理论体系梳理

一、城市规划的经济理论

（一）城市经济结构与规划

1.主要产业分布地分析与规划

城市规划的经济理论首要任务是深入分析城市的经济结构，包括各主要产业的地理分布、相互关系等。通过对产业结构的全面了解，规划师能够为城市制定更为科学的产业布局和发展战略，促使城市实现经济结构的多元化和高效协同。

2.经济活动密度的规划与优化

经济活动密度是城市经济活力的关键指标，也是规划师在设计城市布局时需要关注的重要方面。经济理论为规划师提供了指导，使其能够合理配置不同经济活动的空间位置，以实现城市经济活动的最大化效益。

3.产业布局与经济可持续发展

城市规划的经济理论强调产业布局的合理性与可持续发展的密切关系。规划师在制定城市产业布局时，需要考虑生态环境的保护、资源的有效利用等因素，以确保城市经济的发展不仅在短期内有效，更要在长期内能够持续推动城市的可持续发展。

（二）经济合理性的评估标准

1.资源配置效率的考量

经济合理性评估的核心之一是对资源配置效率的考量。规划师需要借助经济理论，综合考虑城市资源的有限性，确保规划方案中的资源利用更加高效，以实现城市经济的可持续增长。

2.产业发展可行性的分析

在经济合理性评估中，规划师需运用经济理论对产业发展可行性进行深入分析。这包括对城市产业的市场需求、竞争状况、技术水平等多方面因素的全面考察，以保障规划方案的实施具有实际可行性。

3.就业机会与经济增长的综合评估

经济理论还为规划师提供了综合考量就业机会与经济增长的评估框架。规划师需要在规划方案中充分考虑就业机会的创造，并借助经济理论工具对城市经济增长的速度、质量等进行全面评估，以确保规划的经济效益最大化。

（三）城市规划中的经济激励机制

1.税收政策的设计

经济激励机制中的税收政策是城市规划中的一项重要工具。规划师需要借助经济理论，制定合理的税收政策，以吸引企业投资，促进城市的经济活动。

2.土地利用政策的优化

土地利用政策是经济激励的另一关键因素。通过合理设计土地用途、提高土地的利用效率，规划师可以为企业提供更具吸引力的发展环境，推动城市经济的良性循环。

3.基础设施建设的协同考虑

城市规划的经济理论还涉及基础设施建设的协同考虑。规划师需要通过搭建交通网络、优化公共服务设施等手段，为城市提供更完善的基础设施支持，从而为企业的投资和发展创造更有利的条件。

二、城市规划的社会理论

（一）社会结构与城市规划

1.人口组成的详细分析

城市规划的基石之一在于深入剖析社会结构，而其中对人口组成的详细分析显得至关重要。规划师需要以社会理论为指导，深度挖掘城市人口构成的多个层面，包括年龄、性别、族群等方面的细节，以获得更全面、深入的了解，从而为规划社会服务设施和公共空间提供更有针对性的方案。

在人口结构的分析中，年龄是一个关键的维度。规划师需审慎研究城市不同年龄层的分布情况，了解各年龄段的需求和特征。例如，对于年轻人口，需考虑提供多样化的教育资源和娱乐设施，以促进其个人发展和社交活动。而对于老年人口，规划师则需思考如何提供适应老年人需求的医疗、社交和休闲服务，以创造更加宜居的城市环境。

性别是另一个需要深入研究的人口因素。规划师需要关注男女比例、职业分布、教育水平等性别相关的数据。这有助于制定性别平等的规划策略，确保城市设施和服务能够平等地满足不同性别群体的需求。例如，可以通过提供更为平等的职业发展机会、改善城市交通系统来促进性别平等。

此外，族群因素也是人口组成中不可忽视的一部分。城市常常是多元文化的集合体，规划师需要深入了解不同族群的文化特征、语言习惯等，以便为他们提供更加贴近实际需求的社会服务。这包括但不限于提供多语言服务、创造多元文化交流的公共空间等。

通过深入的人口组成分析，规划师可以更好地了解城市居民的多样性和复杂性。这有助于制定具体而有效的规划方案，以满足不同人群的需求，提升城市的整体居住质量。在规划社会服务设施时，规划师可以更具针对性地考虑不同群体的需求，推动城市向更加包容和公平的方向发展。综合而言，人口组成的详细分析是城市规划中至关重要的一环，为创造更具人性化、多元化的城市环境提供了深刻的洞察。

2. 社会阶层与城市布局的关系

社会阶层与城市布局之间存在密切的相互影响的关系，对城市规划产生着深远的影响。在社会理论的指导下，规划师需要深刻理解城市中不同社会阶层的需求，以便通过优化城市布局，促进不同阶层之间的和谐共处，实现城市的社会包容与可持续发展。

住房作为社会阶层分化的关键方面，直接关系到城市居民的生活品质。规划师应当考虑到不同社会阶层对住房的不同需求，以确保城市中存在多样化的住房选择。这包括经济适用房、中高档住宅、公共租赁房等不同类型的住宅，以满足不同收入层次的居民的居住需求。同时，城市规划还应注重打破社会阶层之间的住房隔离，通过合理的住宅布局，促进社会交往和融合。

教育是社会阶层提升的有效途径，因此城市规划应当考虑到不同社会阶层对教育资源的需求。规划师需要确保各个社会阶层都能够方便地获得高质量的教育资源，不论是基础教育、职业培训还是高等教育。在城市布局中，应合理配置学校、图书馆、文化活动中心等教育设施，以促进知识的普及和社会阶层间的平等机会。

就业机会的分布也直接关系到社会阶层的稳定和城市的经济繁荣。规划师需要关注城市中不同区域的产业结构，确保不同社会阶层都能够获得公平的就业机会。透过优化城市的产业布局，可以促进城市内不同阶层之间的经济平等，减少社会不平等现象的发生。

城市规划还应当关注社会阶层间的文化、娱乐等需求。通过在城市中设置多元化的文化活动场所、娱乐设施，规划师可以促进社会阶层之间的文化交流和互动，缩小阶层差距，创造更加包容和共享的城市环境。

在城市规划中，需特别强调社会阶层之间的可达性和交往空间的设置。通过合理规划城市的交通网络和公共空间，可以促进不同社会阶层之间的互动和交流，减少社会分割，创造更加融洽的社会关系。

社会阶层与城市布局之间的关系深刻而复杂。规划师应当通过社会理论的引导，深入理解城市中不同社会阶层的需求，通过优化城市规划，促进不同阶层之间的和谐共处，实现城市的社会包容与可持续发展。只有通过深入洞察社会结构，规划出更具包容性和可持续性的城市布局，才能建设出更加和谐繁荣的城市社会。

3.文化差异与社区规划

文化差异是城市多元性的丰富体现，而社区规划的成功与否往往取决于其对这些差异的充分考虑。社会理论为规划师提供了一种深刻认识不同文化群体需求的视角，使得规划能够更全面地创造出兼容多元文化的社区环境，促进社区的共融和共生。

在社区规划中，首先要考虑的是文化差异对居民生活的影响。不同文化群体可能对居住环境、社区设施、宗教场所等有着不同的需求和期望。通过深入了解不同文化的生活方式、价值观念，规划师可以更好地调整社区布局和设施设置，创造出更符合多元文化需求的社区生活空间。

其次，社区规划需要关注文化差异对社交和社会互动的影响。不同文化背景的居民可能有着不同的社交习惯和交往方式。规划师可以通过创造多功能的公共空间、提供多元文化的文化活动，促进社区居民之间的交流，加深不同文化群体之间的了解和融合。

另一方面，社区规划还需关注文化差异对经济活动的影响。不同文化群体在职业选择、商业喜好等方面可能存在差异，因此，规划师应当合理配置商业区域、就业机会，以满足不同文化背景居民的多元化需求，促进社区内的经济繁荣。

在社区规划中，需要强调多元文化的共存与互动。规划师可以通过设置文化交流中心、多语言服务设施等，为不同文化群体提供共享的平台。这有助于创造一个开放、包容的社区环境，使居民更容易融入社区生活，建立起互助和友好的社区关系。

此外，社区规划还需要注重公平和社会正义。规划师应当确保社区资源的均等分配，避免形成文化上的贫富差距。通过制定包容性的政策，规划师可以推动社区内不同文化背景的居民平等参与社区决策和管理，从而建立起更加公正的社区秩序。

文化差异对社区规划提出了全新的挑战和机遇。通过社会理论的引导，规划师能够更全面地了解不同文化群体的需求，为社区规划提供更具包容性和创新性的思路。只有在充分考虑文化差异的前提下，社区规划才能真正实现多元文化的共生，为城市居民创造一个更加宜居、和谐的居住环境。

（二）社会公平与城市规划

1.利益平衡的社会公平观念

社会公平作为城市规划的关键目标之一，在社会理论的指导下，规划师被引导着注重各社会群体的利益平衡，以确保规划方案不会进一步强化社会分化。这一社会公平观念要求规划师在规划过程中充分考虑不同居住区域的资源分配、就业机会的均等分布等方面，以促进城市内部各个社会群体的均等参与和共享。

在实现社会公平的过程中，资源分配是一个至关重要的方面。规划师需要审慎考虑不同区域的基础设施、公共服务设施等资源的分布，以避免资源的集中化造成社会不平等。

通过推动资源的均等分配，特别是在教育、医疗、文化等领域，可以缓解社会中底层和弱势群体的压力，促进社会整体的平衡发展。

此外，就业机会的均等分布也是实现社会公平的关键因素。规划师应当通过合理规划城市的产业布局、商业区域，确保就业机会能够辐射到不同区域，不同社会阶层的人群都有平等获取就业机会的可能性。这有助于减少社会阶层之间的经济差距，促进城市社会的和谐发展。

社会公平观念还要求规划师关注居住环境的均等性。规划师应当避免将城市划分为明显的社会阶层区域，而是通过合理规划住宅区域，确保不同社会群体都能够享受到相对公平的住宅资源和环境。通过打破社会层级之间的居住隔离，城市居民能够更好地共享城市的公共资源，创造更具包容性的社区环境。

在规划中，社会公平观念还要求规划师充分考虑社会弱势群体的需求。通过设置社会援助设施、推动社会公益项目，规划师可以为弱势群体提供更多的支持和机会，缩小社会中的贫富差距，创造更具包容性的城市社会。

最后，实现社会公平还需要规划师在城市治理中注重公民参与。规划师应当鼓励社区居民积极参与决策过程，确保不同社会群体的声音都能够被充分听到。这有助于规划过程更具透明性和公正性，确保规划最终符合广大居民的需求和利益。

社会公平观念在城市规划中扮演着至关重要的角色。通过在资源分配、就业机会、居住环境等方面的均等考虑，规划师可以推动城市朝着更加平等、和谐的方向发展。这需要规划师在规划过程中积极应用社会理论，深刻理解城市的社会结构，以促进城市规划更加符合社会公平的原则和目标。

2.公共服务设施的合理分布

城市规划的核心之一是确保公共服务设施的合理分布，以弥补社会中存在的不平等。在社会理论的引导下，规划师需要深入了解城市居民的多元需求，特别是在教育、医疗、文化等方面，以确保这些关键服务设施能够更加均匀地分布在城市各个区域。

首先，教育是社会公平的基石，因此规划师应该注重教育资源的均等分配。不论是公立还是私立学校，通过合理规划学校的布局，确保各个社区都能够方便地获得高质量的教育资源。这有助于减少因地域差异而导致的教育资源不平等现象，为所有居民提供平等的学习机会，促进社会的公平发展。

其次，医疗服务设施的分布对于居民的健康和福祉至关重要。规划师应该考虑到不同区域的医疗需求，合理规划医院、诊所、药店等医疗服务设施的分布。这有助于确保城市居民都能够轻松获得高质量的医疗服务，减轻社会中弱势群体面临的医疗资源不足的问题，提高整体健康水平。

文化设施的合理分布也是城市规划中的重要方面。规划师应该确保不同社区都能够享有多元化的文化体验，通过规划图书馆、博物馆、艺术中心等文化设施的合理分布，促进文化的传承与创新，提高居民的文化素养。这有助于减少由于文化资源不均衡而导致的社会差异，使城市更具包容性和多元性。

在实现公共服务设施合理分布的过程中，规划师还需要关注社会中弱势群体的需求。通过特别关注贫困地区或人口稠密区域，规划师可以推动服务设施的重点布局，以提升弱势群体的生活质量，减轻社会中的不平等现象。

公共服务设施的合理分布是城市规划中迈向更加公平和包容的关键一步。在社会理论的指导下，规划师需要深入了解城市居民的多元需求，通过科学合理的规划，使得教育、医疗、文化等服务设施能够更加均匀地覆盖城市的各个角落，为居民提供更为公平的生活环境。这种规划不仅有助于改善城市社会结构，也能够推动城市向更为公正和包容的方向迈进。

3.社区参与机制的建立

为实现社会公平，社会理论鼓励规划师积极建立有效的社区参与机制。这一机制旨在确保规划师在城市规划过程中更全面地考虑各利益方的需求，通过与居民沟通、征求意见以及赋予社区更多的参与权利，促进规划决策的公正性和社会公平的实现。

首先，与居民的沟通是社区参与机制的基础。规划师应当积极倾听居民的声音，了解他们的关切和期望。通过定期组织座谈会、公民论坛等形式，规划师可以与社区居民建立密切的互动关系，使规划过程更加透明和贴近实际需求。这有助于避免规划方案出现偏差，确保居民的意见得到充分尊重。

其次，规划师需要征求社区居民的意见和建议。通过开展问卷调查、举办公共听证会等形式，规划师可以深入了解社区居民对于不同规划方案的看法，从而调整和优化规划。这种征求意见的机制有助于建立更加民主和参与式的规划决策过程，确保规划的公平性和广泛代表性。此外，社区参与机制还需要给予社区更多的权利和责任。规划师可以通过设立社区议会、组织社区居民参与规划决策的培训等方式，赋予社区更大的自主权。这有助于建立一个更加平等的合作关系，使社区能够更主动地参与到规划决策的各个环节，形成共同的规划共识。

在建立社区参与机制的过程中，规划师还需关注社会中弱势群体的参与。通过特别关注贫困社区、少数民族社区等，规划师可以确保这些群体在规划决策中有更大的发言权。这有助于减轻社会不平等，促进城市规划更全面、公正地实施。

最后，社区参与机制应该具备持续性和灵活性。规划师需要建立定期的社区反馈机制，以便随时调整规划方案，适应社会变化和居民需求的动态变化。这种机制的建立有助于建立一个紧密互动的规划体系，确保规划的及时性和有效性。

（三）社会服务设施的规划与布局

1.学校与教育设施的规划

社会理论为规划师提供了深刻的洞察，使其能够更好地理解城市中不同社会群体的教育需求，为学校和教育设施的规划提供有力的指导。在城市规划中，学校和教育设施的合理布局和发展对于提高城市居民的整体教育水平至关重要。

首先，规划师应当深入了解城市中不同社会群体的教育需求。这些需求针对不同年龄层次、经济状况和文化背景的居民。社会理论提供了分析和理解社会差异的工具，规划师可以通过这些理论来洞察不同群体的教育特点和优先需求，以确保规划更具有包容性和普及性。

其次，规划学校的布局应当充分考虑城市的发展趋势和人口分布。规划师需要结合城市的发展规划和社会理论，合理确定学校的地理位置，以满足不同社区的教育需求。这包括在城市不同区域建设学校，以减少居民的通勤时间，提高教育资源的可及性，促进城市教育的均衡发展。另一方面，规划师还需注重学校内部的设施和资源配置。社会理论为规划师提供了对不同社会群体的需求分析工具，规划师可以利用这些理论来确保学校内部设施的多样性，满足不同学生的学科特长和兴趣爱好。通过合理配置图书馆、实验室、体育场馆等教育资源，规划师可以打破社会差异，提供更平等的学习机会，促进全体学生的全面发展。此外，规划师还需关注特殊群体的教育需求，如残障学生、少数民族学生等。社会理论强调了平等和包容的原则，规划师可以通过适当配置专门的教育设施和提供差异化的教学资源，确保这些特殊群体能够获得公平的教育机会，实现社会的真正包容性。

最后，规划学校和教育设施需要注重未来的可持续性。社会理论强调社会的动态变化和发展趋势，规划师应当考虑到未来社会的新需求和挑战。通过引入创新的教育技术、提倡跨学科教学等手段，规划师可以使学校更具适应性，更好地满足未来社会的教育需求。

2.医疗设施的战略布局

在社会理论的引导下，规划医疗设施需要深入洞察城市居民的医疗需求，制定合理而高效的医疗设施规划，确保不同社会群体都能够获得高质量的医疗服务。这一过程不仅需要考虑医疗资源的数量，还需要关注其在城市空间中的战略布局。

首先，规划师需要全面了解城市中不同社会群体的医疗需求。社会理论提供了分析社会差异和医疗不平等的工具，规划师可以通过这些理论更深入地了解城市居民的医疗需求差异，包括年龄、收入水平、文化背景等因素。这有助于规划师更全面、精准地把握城市医疗服务的需求，为医疗设施的规划提供科学依据。

其次，医疗设施的规划应充分考虑城市的发展趋势和人口分布。规划师需要结合城市的人口结构和发展规划，确定医疗设施的地理位置和规模。通过在不同区域建设医院、诊所等医疗设施，规划师可以更好地满足不同社区居民的医疗需求，缩短医疗服务的距离，提高医疗资源的可及性。另一方面，规划师还需关注医疗设施内部的设施和资源配置。社会理论为规划师提供了对不同社会群体的医疗服务需求分析工具，规划师可以利用这些理论来确保医疗设施内部设施的多样性。通过合理配置诊室、手术室、检验室等医疗资源，规划师可以满足不同患者的医疗需求，促进医疗服务的全面覆盖和高效运作。此外，规划师还需考虑到特殊群体的医疗需求，如老年人、残障人士等。社会理论强调了平等和包容的原则，规划师可以通过适当配置专门的医疗设施和提供差异化的医疗服务，确保这些特殊群体能够获得公平的医疗服务，实现社会的真正包容性。

最后，医疗设施的规划需要注重未来的可持续性。社会理论强调社会的动态变化和发展趋势，规划师应当考虑到未来社会的新需求和挑战。通过引入创新的医疗技术、推动远程医疗等手段，规划师可以使医疗设施更具适应性，更好地满足未来社会的医疗需求。

3.文化娱乐设施的多元布局

在社会理论的指导下，规划城市的文化娱乐设施涉及对不同文化群体娱乐需求的深入考虑，旨在通过多元化布局，创造一个充满活力和包容性的文化空间，为城市的社会发展注入新的活力。这一过程需要规划师全面理解社会的文化差异，以更好地满足居民对于多样化文化娱乐的需求。

首先，规划师应当深入了解城市不同社会群体的文化娱乐需求。社会理论为规划师提供了分析社会结构和文化差异的工具，使其能够更全面地洞察不同文化群体对娱乐的独特需求。通过深入了解不同年龄层、族群、文化背景的居民，规划师可以更精准地把握城市文化娱乐设施的规划方向，确保满足多元化的文化追求。

其次，文化娱乐设施的规划应当充分考虑城市的发展趋势和人口分布。规划师需要结合城市的人口结构和发展规划，确定文化娱乐设施的地理位置和规模。通过在不同区域建设剧院、博物馆、音乐厅、艺术中心等设施，规划师可以更好地满足不同社区居民对于文化娱乐的需求，促进城市文化的多元发展。另一方面，规划师还需注重文化娱乐设施内部的多元性。社会理论为规划师提供了对不同文化群体需求的分析工具，规划师可以利用这些理论来确保文化娱乐设施内部的设施和活动的多样性。通过合理配置展览、演出、表演、教育活动等元素，规划师可以创造一个吸引不同人群的文化娱乐空间，丰富城市居民的文化生活。此外，规划师还需关注特殊群体的文化娱乐需求，如残障人士、少数民族等。社会理论强调平等和包容的原则，规划师可以通过适当配置专门的文化娱乐设施和提供差异化的文化活动，确保这些特殊群体能够融入文化娱乐的主流，实现社会的真正包容性。

最后，文化娱乐设施的规划需要注重未来的可持续性。社会理论强调社会的动态变化和发展趋势，规划师应当考虑到未来社会的新需求和文化发展方向。通过引入创新的文化娱乐技术、倡导跨界合作等手段，规划师可以使文化娱乐设施更具适应性，更好地满足未来社会的文化娱乐需求。

三、城市规划的空间理论

（一）城市布局与空间组织

1.城市中心区的布局与功能定位

城市规划的空间理论首先聚焦于城市中心区的布局与功能定位。规划师通过空间理论的指导，深入研究城市中心的地理位置、交通枢纽等要素，以科学的方式规划城市中心的不同功能区域，包括商业、文化、行政等，以促进城市中心的繁荣发展。

2.居住区的空间组织与社区设计

居住区的空间组织是城市规划的关键组成部分。空间理论引导规划师考虑不同居住区域的合理规划，包括住宅用地、公共绿地、社区设施等的科学布局，以创造宜居的社区环境，提高居民的生活质量。

3.商业区域的功能分区与流线设计

商业区域的空间布局关系到城市经济的繁荣。通过空间理论的引导，规划师需要对商业区域进行功能分区，合理设计商业流线，确保商业设施的便捷访问，提升商业区的吸引力和竞争力。

（二）用地资源的高效利用

1.住宅用地的合理划分与密度控制

用地资源的高效利用是城市规划的核心目标之一。规划师需要通过空间理论，合理划分住宅用地，控制住宅密度，以确保城市居住区的空间利用效率，提高土地的居住价值。

2.商业用地的多功能开发与共享利用

商业用地的多功能开发是用地资源高效利用的关键。空间理论引导规划师考虑商业用地的多样性，包括商业办公、零售、休闲娱乐等功能的合理组合，以实现商业用地的共享和协同发展。

3.公共用地的科学配置与服务覆盖

公共用地的科学配置是城市规划的基石。规划师通过空间理论考虑公共用地的合理分布，包括教育设施、医疗机构、文化设施等的科学布局，以确保公共服务设施覆盖城市各个区域，满足居民多样化的需求。

（三）可持续发展与城市规划

1.空间布局中的碳排放减少策略

可持续发展是城市规划的战略目标之一。空间理论引导规划师通过合理空间布局，减少交通需求，降低碳排放水平，实现城市对环境的友好。

2.空间组织中的空气质量改善手段

规划师通过空间理论的指导，考虑城市空间组织对空气质量的影响，合理规划绿地，减少工业区对空气的污染，以改善城市居民的生活环境，推动城市空气质量的提升。

3.可再生能源利用的空间策略

在可持续发展理念的指导下，规划师需要通过空间理论引导城市利用空间布局来促进可再生能源的利用。例如，合理规划太阳能设施布局，以提高城市对清洁能源的依赖程度。

第二章 城市发展与空间结构

第一节 城市发展模式与趋势分析

一、城市发展模式的演变

（一）传统工业城市时期的特征与挑战

1. 工业化进程与集中式工业布局

城市在传统工业城市时期，主要以工业化和制造业为主导。工业化进程推动了大量的工业企业在城市中兴起，形成了集中式工业布局。这种布局使得城市的经济活动主要集中在工业园区和工业区域，形成了明显的工业城市特征。

（1）工业化进程的推动

工业化进程是传统工业城市时期的核心动力。城市因工业而兴起，大量的工厂和生产基地集聚在城市核心区，形成了繁忙的工业景象。

（2）集中式工业布局的形成

城市在这一时期呈现出工业设施集中、劳动力大量聚集的特征。大规模的工业区域成为城市的经济支柱，但也带来了城市环境污染和资源过度消耗等挑战。

2. 环境污染与资源消耗的挑战

传统工业城市时期，工业活动的集中导致了严重的环境污染问题。排放的工业废气和废水对城市的空气和水质造成了污染，影响了居民的生活质量。同时，大规模的资源消耗使得城市面临能源危机和自然资源枯竭的风险。

（1）环境污染的严重性

工业排放产生的废物对环境造成了长期的破坏，大气中的污染物不仅影响了城市的空气质量，还对人们的健康产生了负面影响。

（2）资源消耗的压力

大规模的工业生产对能源和自然资源的需求极大，城市在迅猛发展的同时，也在不断消耗有限的自然资源，这为未来的可持续发展提出了严峻的挑战。

（二）服务型城市模式的崛起与经济结构调整

1.经济结构调整与多元化城市功能

随着社会经济的发展，城市逐渐从传统工业城市模式向服务型城市模式演变。这一演变主要体现在城市经济结构的调整和功能的多元化。服务型城市模式崛起，城市开始注重知识经济和文化产业的发展。

（1）经济结构调整的背景

经济结构调整是服务型城市模式崛起的背景之一。随着全球化的推进，城市经济开始向高附加值、高技术含量的方向发展，服务业成为主导经济的重要组成部分。

（2）多元化城市功能的体现

服务型城市模式注重多元化的城市功能，不仅仅局限于工业生产，还强调文化、教育、创新等方面的发展。城市不再只是生产和消费的场所，更是知识和创新的聚集地。

2.城市空间结构的调整与创新中心的崛起

服务型城市模式下，城市空间结构发生了显著的改变。城市不再仅仅集中在传统的工业区域，而是形成了以创新中心为核心的多中心结构，体现出更为灵活和创新的城市空间布局。

（1）多中心结构的形成

创新中心的兴起使得城市空间结构逐渐从单一中心演变为多中心。不同功能的中心区域相互交织，形成了更为复杂和多样的城市空间结构。

（2）创新中心对城市发展的推动

创新中心的崛起带动了城市的经济发展和产业升级。高科技、高端服务业在创新中心集聚，推动了城市向高质量发展的方向迈进。

3.挑战与未来发展的可持续性

服务型城市模式的崛起带来了城市功能的多元化和创新力的提升，但也伴随着一系列挑战。城市社会结构的差异、居住成本的上升等问题亟待解决。未来城市发展需要更注重可持续性，找到经济、社会和环境的平衡点。

（1）社会结构的差异化

服务型城市模式下，城市社会结构呈现出明显的差异。高端服务业带动了高收入人群的集聚，而低技能劳动力可能面临就业困难和社会边缘化。

（2）居住成本的上升

服务型城市模式下，高端服务业的兴起和创新力的提升，使得城市成为吸引人才和投资的热门地区，然而也带来了居住成本上升的问题。高昂的房价和生活成本使得一部分居民难以负担，加剧了社会的不平等。

（3）可持续发展的迫切需求

随着城市化进程的不断推进，城市面临的环境问题也日益凸显。在服务型城市模式下，城市规划师需要更加注重可持续发展，通过提高资源利用效率、改善生态环境等手段，实现城市发展的经济、社会和环境的协调与平衡。

二、城市发展的新趋势

（一）数字化城市的兴起

当前，城市发展正迎来数字化的时代。数字技术在城市管理中的广泛应用成为城市发展的新趋势。智能城市系统、大数据分析等技术的运用使得城市管理更加高效，城市服务更加智能化。数字化城市的建设不仅提升了城市的运行效率，还为居民提供了更便捷、智能的生活体验。

1. 智能城市系统的建设

（1）智能城市系统的概念与涵盖领域

在数字化时代的浪潮中，智能城市系统崭露头角，成为推动城市发展的至关重要的引擎。智能城市系统是一种建立在先进技术基础上的全面城市管理和服务平台，它通过物联网、人工智能等前沿技术手段，实现城市各个方面的智能化和高效化运作。这一系统的建设不仅侧重于城市基础设施的雄厚建设，还深入涉及城市的多个关键领域，包括但不限于交通、能源管理以及公共服务等。

在智能城市系统的理念中，城市基础设施不再是孤立存在的，而是被紧密连接、智能调度的网络。这一系统通过物联网技术实现了城市各类设施的互联互通，使得城市管理者能够更加全面地把握城市的运行状况。特别是在交通领域，智能城市系统通过实时监测交通流量、智能信号灯调度等手段，有效缓解了交通拥堵的问题，提高了交通运输的效率。

除了交通领域，能源管理也是智能城市系统关注的重要领域之一。系统通过智能化的能源监测和管理，实现了对城市能源的高效调配，降低了能源浪费，推动城市向可持续能源的转型。这不仅符合环保理念，也有助于提升城市的整体能源利用效率。

在公共服务领域，智能城市系统通过数字化手段，实现了公共服务的个性化和高效化。例如，智能化的公共安全监测系统可以通过摄像头实时监控城市的各个角落，快速响应紧急情况。而在医疗卫生领域，数字化的健康管理平台可以为居民提供个性化的健康服务，实现远程医疗、健康咨询等功能。

总体而言，智能城市系统的概念融合了现代科技的最新成果，其覆盖的领域广泛而深入。通过将城市各要素互联互通，实现信息的共享和高效管理，智能城市系统为城市提供了更为智能、高效的运行方式，成为数字化城市基础设施的核心组成部分。规划师在数字城市基础设施规划中需要深入了解这一系统的概念和全面涵盖的领域，以确保数字城市的全面发展。

（2）基础设施规划与城市信息网络

智能城市的建设是建立在健全基础设施和高效城市信息网络之上的。规划师在设计智能城市系统时，必须充分关注基础设施规划和城市信息网络的搭建，以确保数字化城市的顺利运作。

　　基础设施规划对于智能城市系统的成功至关重要。这包括对智能交通设施、能源供应系统、通信基站等的全面规划。在智能城市中，交通系统需要更智能化，能够通过实时数据和智能算法进行流量优化和交通管理。能源供应系统的规划要注重可持续性，引入清洁能源和智能管理手段，以推动城市能源的高效利用。通信基站的分布要合理规划，确保城市各个区域都能够获得高速、稳定的网络连接。

　　城市信息网络是实现数字化城市运作的核心。规划师在这方面需要考虑如何构建覆盖城市各个角落的高速网络。这样的网络基础设施不仅仅是为了支持居民的数字生活，还关系到各类智能设备的畅通连接。城市信息网络的高效搭建可以确保城市居民获得高质量、高速度的数字服务，促进数字经济的发展。

　　综合考虑基础设施规划和城市信息网络的建设，规划师需要深入研究城市的实际需求和未来发展方向。他们的工作不仅涉及技术方案的设计，还需要充分考虑城市居民的需求和社会的可持续发展。只有在这样的综合规划下，智能城市系统才能真正实现数字化城市的愿景，提升居民的生活品质，促进城市的可持续发展。

　　2.大数据分析在城市规划中的应用

　　（1）大数据分析的意义与作用

　　大数据分析作为城市规划中的新兴工具，对于科学决策和合理规划产生深远的影响。规划师在运用大数据分析时需要充分认识其意义，并了解其在城市规划中的多方面作用。

　　首先，大数据分析通过收集和处理庞大的城市数据，使规划更为科学准确。随着信息技术的迅猛发展，城市生成的数据量呈爆发式增长。规划师可以借助大数据深入了解城市居民的行为习惯、消费水平等，为规划提供更具实证依据的支持。通过对大数据的深入挖掘，规划师可以获取更全面、翔实的城市信息，有助于更准确地把握城市的发展趋势和人群需求。

　　其次，大数据分析有助于实时监测城市的运行状态，包括交通流量、能源使用情况等。现代城市面临着日益复杂的运行管理挑战，而大数据分析为规划师提供了实时获取城市各个方面数据的机会。通过对这些数据的深入分析，规划师可以及时发现问题，进行及时干预和调整，以优化城市的运行效率。例如，在交通管理中，通过大数据分析可以实现交通流量的实时监测，进而优化信号灯控制，缓解交通拥堵问题。

　　大数据分析在城市规划中具有革命性的意义。它不仅提供了更为精准的数据支持，还为规划师提供了更全面的城市运行状态了解的手段。通过合理利用大数据，规划师可以更加科学地制定规划方案，更好地适应城市的动态变化，推动城市朝着更智慧、可持续的方向发展。

　　（2）大数据在城市规划决策中的运用

　　在城市规划决策中，大数据的应用为规划师提供了更多可能性，使其能够更全面、深入地了解城市的状况，从而制定更为科学合理的规划决策。

　　首先，大数据分析可以深入了解城市居民的行为。通过对居民的出行模式、消费习惯、社交活动等方面的数据进行分析，规划师可以更好地了解城市居民的需求和生活方式。这种深入的洞察有助于规划师制定更具体、贴近实际的规划方案，满足不同居民群体的需求，提高规划的实用性和适应性。

其次，大数据分析对于交通规划至关重要。通过对交通流量数据的深入分析，规划师可以更好地理解城市不同区域的交通需求和拥堵情况。这种信息可以用于优化城市道路设计、交通信号灯设置等，提高交通系统的效率，缓解交通拥堵问题，改善居民的出行体验。

另外，大数据还包括环境数据，如空气质量、噪声水平等。规划师可以借助这些数据评估城市的环境质量，并制定相应的规划策略，以保障居民的健康和生活品质。例如，通过实时监测空气质量，规划师可以提前预防空气污染问题，采取相应的绿化规划、工业区布局等措施，提升城市的生态环境。

综合而言，大数据的应用为城市规划决策提供了更多的信息和洞察，使规划更为科学、精准。规划师应善于利用大数据分析工具，深入挖掘城市数据的潜力，从而更好地服务于城市的可持续发展和居民的生活质量。

（二）可持续发展理念的普及

可持续发展理念成为引领城市发展的重要趋势。在过去，城市的发展往往伴随着资源的过度消耗和环境的恶化。如今，可持续发展理念通过推动城市朝着低碳、生态友好的方向发展，成为城市规划的重要原则。

1.低碳城市的规划与建设

（1）碳排放降低的策略

在低碳城市规划中，规划师应制定策略，推动能源的清洁利用。这可能包括通过可再生能源的推广来减少对化石燃料的依赖，同时鼓励居民和企业采用低碳生产方式。

（2）低碳交通方案

规划师需制定低碳交通方案，优化城市交通结构，提高公共交通系统的效率，鼓励低碳出行方式，例如自行车道的建设、步行区的规划等，以减少交通对环境的不良影响。

（3）能效建筑规划

低碳城市的规划还应注重建筑能效，通过推动绿色建筑和智能建筑技术的应用，减少建筑能源的浪费，提高城市建筑的整体节能水平。

2.生态友好城市空间的设计

（1）自然生态系统的保护

生态友好城市空间设计应注重自然生态系统的保护，规划师需要合理规划城市绿地、水系等自然景观，以维护城市生态平衡。

（2）城市绿化规划

通过制定城市绿化规划，规划师可以增加城市的植被覆盖率，改善空气质量，同时提供休闲和娱乐的空间，提升城市居民的生活品质。

（3）可持续水资源利用

规划师还应考虑水资源的可持续利用，包括雨水收集系统的规划、水资源循环利用等，以确保城市在水资源方面的可持续发展。

3.智能交通与出行方式的优化

（1）智能交通系统的规划与建设

规划师需要关注城市交通问题，通过智能交通系统的规划和建设，提高交通流动性，减少拥堵。这可能包括智能交通信号灯、交通数据分析系统等。

（2）公共交通系统的提升

通过提升公共交通系统的质量，规划师可以鼓励市民减少私人车辆使用，采用更为环保的出行方式，从而减少交通污染和道路拥堵。

（3）共享出行服务的整合

规划师还可以通过整合共享出行服务，如共享单车、共享汽车等，优化城市出行方式，提高出行效率，同时减少车辆数量对环境的影响。

综合而言，可持续发展理念的普及需要规划师在城市规划中全方位考虑环境、社会、经济等多个因素，以确保城市的发展是长期可持续的，满足当前需求的同时，也不影响未来的发展。这种综合性的规划将为城市创造更为宜居、健康和可持续的未来。

第二节　城市空间结构演变与特征

一、城市空间结构的历史演变

（一）城市形态的初现

1.古代城中村的形成

（1）初期城市形态的背景

古代城中村的形成背景通常与农业社会的发展密切相关。农耕文明的兴起导致人口集聚，形成了初期的城市形态，而这些城市往往以村庄的形式存在。城中村是农耕文明时期城市的基本模式之一。

（2）农业与手工业的主导

在城中村的形成阶段，农业和手工业是主导经济活动。居民通过农业生产维持生计，同时在城中从事各类手工艺品的制造。这种经济结构直接塑造了城市的初期空间结构，将农田和手工业作坊紧密联系在一起。

（3）相对独立但相互联系的区域

城中村的空间结构相对独立，各个区域拥有自己的农田和手工业作坊。然而，这些区域之间存在密切的联系，居民之间进行物品和资源的交换，形成了相对自给自足但又相互依赖的生产和居住区域。

2.农业与手工业的主导

（1）农业社会的经济特征

古代城中村时期，农业在经济中占主导地位。居民通过种植农作物和养殖家禽家畜维持生计，农业活动在城市周边地区形成了相对集中的生产区。

（2）手工业的兴起

与农业相辅相成的是手工业的兴起。城中村的居民在农闲时从事手工业生产，包括纺织、陶艺、木工等。这些手工业作坊通常分布在城市的不同区域，为城中村的经济发展提供了多元化支持。

（3）居民生活的依赖性

城中村的居民在生活中高度依赖周围的农田和手工业作坊。食物、衣物、生活用品等大部分通过本地生产满足需求，形成了相对封闭的经济体系，反映了当时城市形态与农业和手工业的深刻关系。

3.空间结构的相对松散

（1）限制于生产方式的局限性

古代城中村的空间结构相对松散，主要受制于当时的生产方式。农业生产和手工业作坊的分散性质以及交通工具与手段的限制，导致了城市空间难以实现高度的集中和紧凑。

（2）自给自足的生活方式

由于城中村的居民主要依赖周边土地进行生产，城市规模受限于当地的资源和生产能力。居民以自给自足的方式维持生活，城市空间结构的松散性在一定程度上反映了古代城市的自给自足的生活方式。

（3）城市规模的局限性

古代城中村的城市规模相对较小，城市空间结构受限于农田和手工业作坊的分布，难以实现大规模的城市化。这与现代城市的集中化和规模经济有着明显的不同，凸显了时代背景对城市形态的影响。

（二）工业化时期的城市发展

1.工厂与居住区的分离

（1）工业化兴起的时代背景

工业化时期的城市发展受到工业化兴起的巨大影响。新兴工厂的大规模建设吸引了大量农民进城就业，城市规模迅速扩大。这一时期的城市发展与工业生产方式的变革密切相关。

（2）功能分区的初步形成

随着工业化的进行，城市结构逐渐呈现出明显的功能分区。工业区和居住区开始分离，工厂建设的集中区域形成了独立的产业区，而居住区则相对远离工业区，追求相对安静和清洁的居住环境。

（3）城市空间结构的初步垂直分工

工业化时期城市结构的垂直分工初步显现。工业区的集聚形成了产业的专业化聚集，不同产业在城市中有了明确的定位。这种垂直分工推动了城市空间结构的进一步演变，凸显了不同区域的专业性和高效性。

2.功能分区的形成

（1）城市结构的集中化

工业化时期城市结构更加集中，各功能区域愈发明确。商业区、工业区、住宅区等相对独立的功能区域开始形成，城市的不同部分各司其职，形成了相对有序的城市结构。

（2）功能分区的明确定位

随着城市功能分区的形成，不同区域的功能定位也更为明确。商业区逐渐成为城市中心的商业和行政核心，工业区则专注于生产和制造。住宅区的定位更侧重于提供居民宜居的生活环境，各功能区在城市中的定位清晰。

（3）城市空间结构的垂直分工进一步强化

功能分区的形成加强了城市空间结构的垂直分工。不同功能区的相对独立和高度专业化促进了城市的经济发展，形成了高效的城市运作模式。城市空间结构的垂直分工在这一时期进一步强化，体现了城市的职能明晰性。

3.城市中心的商业和行政功能

（1）城市中心的演变

随着工业化的深入，城市中心逐渐演变成商业和行政功能的核心地带。商业活动和行政机构在城市中心集聚，形成了繁荣的商业区域。城市中心成了城市的精华区域，吸引了大量人口和商业资源。

（2）商业和行政功能的聚集效应

商业和行政功能的集聚形成了强大的聚集效应。城市中心的商业区吸引了大量的购物、娱乐和文化活动，同时行政功能的集中也使得政府机构更加高效运作。这种聚集效应推动了城市中心地区的繁荣发展。

（3）城市空间结构的进一步演变

商业和行政功能的集聚影响了城市空间结构的进一步演变。城市中心区域逐渐成为城市的代表性地标，同时也在空间结构上发生了更加显著的变化。城市的垂直发展逐渐成为城市规划的一项重要考虑因素，为城市空间结构的未来发展奠定了基础。

（三）高层建筑的兴起

1.城市人口增长与土地有限性

（1）城市人口增长的背景

随着城市化进程的推进，城市人口持续增长。这一人口激增对城市基础设施和住房需求提出了新的挑战，促使城市规划者寻求有效的土地利用方式。

（2）土地有限性的问题

在城市化发展中，土地资源是有限的，而传统的低层建筑模式无法满足不断增长的人口需求。城市规划者不得不面对如何在有限的土地上创造更多住房和办公空间的问题。

（3）高层建筑作为解决方案

为了应对城市土地有限性和人口增长的压力，城市规划者开始倾向于采用垂直发展的方式，即高层建筑的兴起。高层建筑在垂直方向上最大程度地利用空间，成为解决土地有限性问题的有效手段。

2.多层次的空间结构

（1）高层建筑对城市空间结构的影响

高层建筑的兴起使城市空间结构呈现出多层次性。不同高度的建筑在城市中形成多层次的空间结构，这反映了城市不同功能区域的垂直叠加，如商业区的摩天大楼和住宅区的高层住宅。

（2）丰富城市的空间层次

多层次的空间结构为城市增添了层次感和立体感。商业、居住、文化等不同功能区域之间的垂直叠加使城市更具活力和多样性。这种层次结构既满足了城市功能分区的需求，也提升了城市的整体观感。

3.不同功能区域的垂直整合

（1）居住区与商业区的垂直整合

高层建筑的崛起促使不同功能区域的垂直整合。商业区的高楼大厦与住宅区的高层住宅相互交错，实现了商业和居住功能的垂直整合。这种整合使得城市内不同功能区域连接更为紧密，提升了城市的整体效益。

（2）城市空间的立体感

不同功能区域的垂直整合赋予了城市空间更强烈的立体感。建筑高度的差异营造了城市的层次结构，使人们在城市中游走时感受到空间的深度和多样性。这样的垂直整合为城市增色不少，也为城市居民提供了更多元的生活体验。

二、现代城市空间结构的特征

（一）多元性与复杂性

1.功能区域的多元融合

（1）商业中心的多元性

现代城市商业中心不再单一聚焦于购物，而是融合了各类商业、文化、娱乐等元素。购物中心、文化场馆、餐饮娱乐区相互交织，为市民提供了丰富多样的消费和娱乐选择。

（2）住宅区的多元化设计

现代住宅区不再是单一功能的居住区域，而是融合了社区服务、休闲娱乐等多种功能。社区内可设有健身中心、公园、社交空间等，满足居民生活的多方面需求。

（3）文化设施与绿地的共生

文化设施和绿地被有机地融入城市空间，如博物馆、图书馆与公园相邻而设，使人们在欣赏文化的同时能够享受自然的舒适，丰富了居民的文化生活。

2.城市空间的复杂层次

（1）商住混合区的增加

商住混合区域的引入使得城市空间更具复杂性。商住混合区不仅包含居住功能，还包括商业、办公等多种功能，提高了空间的综合利用效率。

（2）功能的交叉与融合

不同功能区域之间的交叉与融合使得城市空间不再刻板单一。例如，工业区可能与文创产业区域相邻，形成产业链的融合，促进了城市经济的多元发展。

（3）建筑设计的多样性

现代城市建筑设计趋向多样性，不同风格、不同高度的建筑共同构成城市的天际线。这种多样性为城市空间增色不少，也反映了城市的开放性和包容性。

3.社会群体的多元共存

（1）文化与社会背景的多元共存

不同文化背景的居民在城市中共同生活，形成文化的多元共存。这使得城市成为文化的交汇点，促进了文化多样性的传播和交流。

（2）不同职业的多元共生

城市吸引了来自不同职业领域的人才，形成了多元的职业群体。这种多元性促进了城市的产业协同发展，推动了经济的繁荣。

（3）社会结构的丰富性

不同社会群体的多元共存丰富了城市的社会结构。这种多元性既表现在职业差异上，也表现在不同阶层之间的共融，使城市更具社会包容性。

（二）高密度的商业与住宅区

1.商业中心的高度集聚

（1）商业机构的密集布局

商业中心内商业机构的密集布局形成了高度的商业集聚。大型购物中心、写字楼、金融机构等相互交织，创造了一个商业活力十足的区域。

（2）高层建筑的林立

商业中心通常以高层建筑为主体，塔楼林立成为城市的地标。这不仅提高了城市的垂直发展水平，同时也为商业活动提供了更多的空间。

（3）文化与娱乐设施的高度集中

商业中心不仅包含购物与金融，还集中了各类文化与娱乐设施，如剧院、影院、艺术馆等。这使得商业中心成为城市文化生活的集散地。

2.高层住宅区的大量存在

（1）垂直发展与土地资源的高效利用

高层住宅区的大量存在反映了城市垂直发展的趋势。在有限的土地资源下，高层住宅的建设提高了城市居住人口的密度，实现了土地资源的高效利用。

（2）便捷地居住与工作交汇

由于高层住宅区通常位于商业中心附近，居民能够更便捷地在商业中心工作、购物，实现居住与工作的高度交汇。这种便捷性提高了城市居民的生活质量。

（3）社区服务与设施的垂直整合

高层住宅区内通常包含各类社区服务与设施，如健身房、儿童游乐区等。这种垂直整合为居民提供了便利，丰富了他们的社区生活。

（三）多层次的城市规划

1.宏观城市轴线规划

（1）规划理念与城市主导结构

现代城市轴线规划以规划理念为基础，旨在构建城市的主导结构。通过规划大道、主轴线等主导性结构，实现城市功能区域的有序分布，形成合理的城市布局。

（2）功能区域的科学分配

宏观城市轴线规划将城市划分为不同的功能区域，如商业中心、住宅区、文化区等。这种科学的功能分配有助于提高城市的整体效率，使得居民能够更便捷地获取所需服务。

（3）交通枢纽的规划与设计

在宏观规划中，交通枢纽的规划至关重要。规划师注重设计交通网络，确保主轴线与交通枢纽相互衔接，提高城市的交通流畅度，降低拥堵问题。

2.微观社区布局的关联

（1）宜居社区环境的打造

微观社区布局注重宜居性，规划师通过合理的社区设计，包括建筑风格、公共设施等，致力于打造适宜居住的社区环境。

（2）小区内部设施的规划

规划师关注小区内部设施的规划，包括娱乐、休闲、健身等方面。这有助于提高居民的生活品质，使小区成为一个社交和活动中心。

（3）绿化与景观的综合规划

绿化和景观规划是微观社区布局中的重要组成部分。规划师通过精心设计小区内的绿地和景观，营造出舒适的居住环境，提高居民的生活满意度。

（四）绿色与文化设施的融合

1.公共绿地的增多

公共绿地在现代城市规划中的增多，彰显了对城市居民生活质量和环境健康的更高关注。这一趋势反映了城市规划师对于创造宜居、健康、可持续的城市环境的共同努力。

首先，绿色空间作为城市生活的重要组成部分，被赋予了更多的功能。公共绿地的增设不仅仅是为居民提供休憩的场所，更是为了促进社交、体育锻炼以及文化活动的开展。这样的多功能性使得绿地成为城市居民生活的延伸，不仅满足了日常休闲的需要，同时为社区活动和文化交流创造了更多可能性。

其次，增加公共绿地有助于改善城市生态环境。通过绿地的引入，城市得以拥有更多的树木、植被，有效吸收空气中的污染物质，改善空气质量。这对于缓解城市的环境问题，提升居民的整体生活质量具有积极的影响。同时，公共绿地的合理规划还有助于水资源的保护，减缓城市的水负荷，增加城市的抗洪能力。

另外，公共绿地的增多也反映了对可持续城市发展的追求。规划师们通过将绿地纳入城市规划，致力于打造更加绿色、可持续的城市环境。这不仅关乎居民的当代福祉，更牵涉对子孙后代的责任。通过推动城市绿地建设，规划师们为城市创造了更加宜居的未来。

公共绿地的增多不仅是城市规划的一项重要策略，更是对城市生活质量、环境可持续性的积极追求。规划师们的努力将这一理念融入城市设计中，为居民提供了更加和谐、健康的城市居住环境。

2. 文化中心的建设

文化设施在现代城市规划中的融入，为城市增添了浓厚的文化底蕴，而文化中心、博物馆、图书馆等文化场所的建设更是为城市空间注入了独特的魅力，不仅丰富了城市的文化氛围，同时也成为居民日常生活的重要部分。

文化中心的建设不仅仅是为了提供一个文化活动的场所，更是为了传承和弘扬城市的历史、人文精神。文化中心通常容纳了各类文艺演出、展览、讲座等多种文化活动，成为市民欣赏艺术、感受历史的重要场所。这样的文化设施为城市居民提供了学习、娱乐、社交的多重功能，丰富了居民的精神生活。

博物馆的建设也是城市规划中不可或缺的一环。博物馆不仅是文化的储藏室，更是知识的传播者。城市中的博物馆通常包含了丰富的历史文物、艺术品和科技展品，通过展览和教育活动，为居民提供了深度的文化体验和学习机会。博物馆的存在促进了城市居民对自身文化传统的认知，也推动了城市的文化创新。

图书馆作为城市文化设施的代表之一，承载着知识传承和普及的使命。现代城市中的图书馆不仅提供了纸质图书，更通过数字化手段提供了丰富的电子资源。图书馆成为学生、研究人员和普通市民学习与研究的场所，为城市的教育事业和知识传播发挥了重要作用。

综合而言，文化设施的建设为城市增色不少。文化中心、博物馆和图书馆等设施的引入，不仅提高了城市的文化软实力，也为居民提供了更多精神层面的享受和提升。这些文化场所的建设，使城市更具人文关怀，也助力城市向着更加开放、多元的方向发展。

第三节 城市功能区划与布局规划

一、城市功能区划的理论基础

（一）土地利用规划的重要性

1.科学分析城市土地资源

城市功能区划的核心在于对城市土地资源进行科学分析。为此，规划师需要深入研究城市的土地结构和土地利用状况，利用现代技术工具如地理信息系统（GIS）等，进行系统而全面的土地资源评估，为功能区划提供可靠的数据支持。

首先，规划师应该深入了解城市的土地结构。这包括土地的自然特征，如地形、地貌、土壤类型等，以及土地的人为特征，比如不同功能区域的分布和组合。通过对土地结构的全面分析，规划师能够更好地理解城市土地的整体格局和特点。

其次，规划师需要详细研究城市土地的利用状况。这包括了不同区域的土地利用类型，如居住区、商业区、工业区、绿地等。规划师应当关注土地利用的密度、容积率、建筑高度等指标，以全面了解城市土地资源的利用效率和潜力。

在这一过程中，地理信息系统（GIS）等技术工具发挥了关键作用。通过 GIS，规划师可以整合并分析大量的地理数据，制作土地利用图谱、土地覆盖图等专业地图，直观地展现城市土地资源的分布和利用情况。这样的地理信息系统不仅提高了数据的准确性和可视性，还为规划师提供了更多维度的分析手段。

通过科学而系统的城市土地资源分析，规划师能够更准确地把握城市土地的特征，为功能区划提供科学的数据基础。这有助于合理规划城市的未来发展方向，优化土地利用结构，提高城市土地资源的利用效益，实现城市的可持续发展。

2.合理划分不同区域的用途

在土地利用规划中，规划师需要运用科学的方法，以实现对不同区域用途的合理划分。这涉及住宅、商业、工业等不同用地类型的科学布局，旨在推动城市资源的最优配置，促进城市的可持续发展。

首先，规划师需要综合考虑城市的自然条件和人文特征。对于土地的自然条件，如地形、水系、气候等，规划师应理解其对土地利用的影响，制定相应的规划策略。同时，人文特征包括人口分布、文化特色等，对于不同区域的用途规划也应充分考虑这些因素，以满足居民的需求和提升生活质量。

其次，规划师需要对城市的经济结构和产业布局进行深入分析。这涉及商业区、工业区等不同功能区域的定位和规划。例如，在商业区的规划中，规划师需考虑人流密集度、商业密度等因素，以打造繁荣的商业中心。而在工业区的规划中，要合理划定工业用地，确保生产活动的高效进行，同时关注环境保护等方面的问题。

第三，规划师还应考虑交通与基础设施的布局。不同用途的区域需要有合适的交通连接，以确保人员、物资的顺畅流动。同时，基础设施的建设也要与用地规划相匹配，以支持城市各个功能区域的正常运作。

通过科学的土地利用规划，规划师能够在保障城市基本需求的基础上，促进资源的有效利用，提高城市的整体效益。这有助于实现城市的可持续发展目标，创造更宜居、宜商、宜工的城市环境。

3.平衡城市各功能的发展

确保城市各功能得到平衡发展是功能区划的关键目标之一。通过科学的土地利用规划，规划师能够引导城市各功能区域的协调发展，避免功能过度集中或失衡，从而创造更加健康、宜居的城市环境。

首先，规划师需要综合考虑城市的整体结构和发展方向。通过深入了解城市的经济特征、社会需求和环境条件，规划师能够确定不同功能区域的合理布局，确保它们在城市空间中的平衡分布。这种综合性的规划考虑有助于形成有机的城市结构，使各个功能区域相互支持、相互促进。

其次，规划师应注重功能区划中的交叉融合。通过在城市中引入多功能区域，如商住混合区、综合性发展区等，可以促使不同功能之间的融合与互动。这种交叉融合有助于打破功能区域之间的界限，创造更加开放、多元的城市空间。

此外，规划师需要关注各功能区域的配套设施和服务，确保住宅区有足够的商业、教育、医疗等配套设施，工业区有便捷的交通和必要的基础设施，商业区有适宜的居住环境，以提高城市居民的生活质量。

最后，规划师还应考虑城市的可持续发展。通过在规划中融入生态、环保等元素，可以实现城市各功能的可持续发展，确保城市在经济、社会和环境方面取得协调的进步。

通过以上方法，规划师可以在土地利用规划中实现城市各功能的平衡发展，推动城市朝着更加协调、可持续的方向发展。这有助于构建更加宜居、宜商、宜工的城市空间，提升城市整体竞争力和居民生活质量。

（二）交通规划与功能区域的关联

1.缓解交通压力的必要性

缓解交通压力对于功能区划至关重要，因为合理的交通规划不仅有助于优化城市运行效率，还能提升居民生活质量。规划师在进行功能区划时，应当充分考虑交通规划的必要性，并通过深入研究交通流量、道路网络等信息，制定科学合理的交通规划。

首先，交通规划在功能区划中的必要性表现在其对交通压力的缓解上。城市人口的增长和经济活动的增加往往导致交通压力的加剧，而合理的交通规划可以通过优化道路布局、交通枢纽设计等手段，有效减轻拥堵状况，提高城市的交通运行效率。

其次，交通规划有助于实现不同功能区域之间的互联互通。通过规划合理的交通网络，连接住宅区、商业区、工业区等不同功能区域，居民和企业可以更便捷地在各个区域之间流动。这不仅提高了城市的整体活力，也促进了各功能区域的良性互动发展。

此外，科学的交通规划还能促进城市可持续发展。通过引入公共交通、鼓励非机动交通工具的使用等策略，可以减少居民对个体汽车的依赖，降低交通对环境的不良影响，推动城市向更加环保和可持续的方向发展。

最后，交通规划的必要性还在于提高城市居民的生活质量。畅通的交通系统不仅减少了通勤时间，还能降低交通事故的发生率，改善城市空气质量，为居民创造更加宜居的生活环境。

总体而言，合理的交通规划在功能区划中的必要性体现在其对交通压力的缓解、功能区域互联互通、可持续发展和提高居民生活质量等多个方面。规划师应通过充分的数据分析和实地调研，确保交通规划与功能区划相互协调，为城市的可持续发展奠定基础。

2. 保障功能区的互联互通

确保各功能区域的互联互通是城市规划中至关重要的一环。规划师在制定交通规划时，应着重考虑不同功能区之间的协同运作，通过设计交通枢纽、引入智能交通系统等措施，提高各功能区的连通性，从而为居民和企业提供更为便捷的交通服务。

首要的是通过规划交通枢纽来实现各功能区的互联。交通枢纽作为城市交通网络的关键节点，可以有效整合各种交通方式，提高不同功能区域之间的物理连接性。例如，规划设计合理的地铁站、公交站等交通节点，能够方便地将城市的居住区、商业区、工业区等有机连接，实现高效的人流和物流互通。

其次，引入智能交通系统是提升功能区互联互通的重要手段。通过先进的技术手段，如智能交通信号灯、智能导航系统等，规划师可以优化交通流，减少拥堵，提高道路通行效率。这有助于确保不同功能区之间的交通畅通，降低出行时间成本，增强功能区的整体协同性。

此外，规划中应考虑鼓励可持续出行方式，如步行和自行车出行。通过建设步行道、自行车道，规划师可以促使居民在不同功能区域之间选择更环保、健康的出行方式，进一步提高城市的功能区互联度。

在交通规划中，还应注重公共交通的发展。规划师可以通过扩建公交网络、提高公共交通服务水平等手段，鼓励居民使用公共交通工具，实现功能区之间的便捷连接。

为确保各功能区域的互联互通，规划师应通过规划交通枢纽、智能交通系统、鼓励可持续出行方式以及加强公共交通发展等措施，实现城市功能区的高效协同运作。这样的规划不仅有助于提升城市的整体运行效率，也为居民和企业提供了更为便捷、宜居的交通服务。

（三）社会文化因素在功能区划中的考量

1. 关注城市居民的生活方式

功能区划的重要性不仅仅在于土地利用的规划，更需要深入关注城市居民的多样化生活方式。规划师在制定功能区划时，应采用多元的研究手段，如社会调查和问卷调查等，以全面了解不同社会群体的需求，确保功能区的划分与城市居民多元化的社会文化背景相契合。

首先，通过社会调查深入了解城市居民的生活方式是确保功能区划符合实际需求的关键。规划师可以通过对不同社会群体的居住特点、工作习惯、文化娱乐偏好等方面展开调查，掌握城市居民生活的多样性。这样的深入调查有助于规划师更好地把握居民的需求，避免功能区划过于单一或脱离实际情况。

其次，通过问卷调查收集居民意见，可以更加广泛地了解城市居民的期望。规划师可以设计多元化的问卷，涵盖居民对住宅环境、文化设施、交通便利性等方面的看法。通过分析问卷结果，规划师能够更精准地把握居民的需求，为功能区划提供更为科学的依据。

规划师在关注城市居民的生活方式时，还需要考虑不同社会文化背景的影响。城市是多元文化的集合体，不同群体对于居住环境和文化设施的需求存在差异。规划师应当结合城市的实际情况，制定符合多元文化背景的功能区划策略，使得城市空间更加包容和适应不同居民群体的需求。

功能区划需要更深入地关注城市居民的生活方式。通过社会调查、问卷调查等手段，规划师能够全面了解城市居民的多样性需求，确保功能区划更好地服务于城市居民的实际生活，使城市空间更具包容性和适应性。

2. 多样化需求的合理满足

通过充分考量社会文化因素，规划师能够更好地满足不同社会群体的多样化需求，从而使功能区划更具包容性和吸引力。在功能区划的过程中，应充分考虑城市居民的文化、娱乐、休闲等方面的需求，以创造一个更加多元、宜人的城市空间。

首先，通过对城市居民文化需求的细致考察，规划师可以合理划分文化娱乐区。不同社会群体对文化娱乐的偏好存在差异，规划师可以通过调查研究了解居民的文化兴趣，进而设立各具特色的文化娱乐区，如艺术中心、表演场所、博物馆等，以满足居民对于文化活动的独特需求。

其次，在规划中设立休闲区是为了顺应城市居民日益增长的休闲需求。通过合理划分休闲区，规划师可以为城市居民提供舒适宜人的休闲空间，包括公园、运动场所、休闲广场等。这有助于缓解城市生活的压力，提高居民的生活质量。

通过这些措施，功能区划可以更好地满足城市居民的多样化需求，使城市空间更具包容性和吸引力。这样的规划不仅能够提升城市的文化底蕴，也有助于促进社会的融合与互动。总体而言，规划师在功能区划时应充分考虑社会文化因素，通过多样化的规划来合理满足城市居民的各类需求，打造一个更加宜居、宜业、宜游的城市空间。

二、城市布局规划的实践经验

（一）城市布局成功案例的分析

1.巴塞罗那超区的建设

巴塞罗那超区的建设是一项令人瞩目的城市布局案例，它成功地将废弃的工业区转变为一个多功能区域，涵盖了住宅、商业和文化设施，为城市的可持续发展树立了榜样。在深入分析这一案例时，我们需要关注几个关键方面，包括其多功能性、对城市遗产的保护以及社区参与的经验。

首先，巴塞罗那超区的多功能性是其成功的关键之一。通过在废弃的工业区域引入住宅、商业和文化设施，超区实现了城市空间的高度多元化。这不仅提升了区域的整体活力，还为城市居民提供了便利的生活和工作环境。多功能性的设计使得超区在吸引有不同需求群体的同时，实现了城市功能的平衡发展。

其次，对城市遗产的保护在巴塞罗那超区的规划中得到了充分考虑。在改造过程中，规划师致力于保留和再利用原有的工业建筑，赋予它们新的功能。这种做法不仅有助于维护城市的历史文脉，还体现了规划师对城市遗产的尊重和珍视。[1]通过巧妙整合现代化元素和历史建筑，超区成功地实现了过去与现代的有机融合。

最后，社区参与在巴塞罗那超区的建设过程中发挥了重要作用。规划师与当地社区积极互动，听取他们的建议和期望，将社区的意见融入规划中。这种参与式规划不仅增强了超区项目的可持续性，还在城市管理者与居民之间建立起紧密联系。社区的积极参与不仅提高了项目的可行性，还使超区更好地满足了居民的实际需求，为城市的长期发展奠定了基础。

总体而言，巴塞罗那超区的成功经验为城市规划提供了丰富的启示。通过多功能性的设计、城市遗产的保护和社区的积极参与，这一案例为实现城市空间的可持续发展提供了有益的经验，成为其他城市可借鉴的典范。

2.新加坡滨海湾的规划

新加坡滨海湾是一项令人瞩目的城市布局案例，通过综合性的规划和建设，成功打造了一个国际级的城市中心。在深入分析新加坡滨海湾的案例时，我们需要着重关注其整合水域资源的方式以及通过规划实现的可持续发展。

新加坡滨海湾的成功规划首先体现在对水域资源的巧妙整合。规划师充分利用海湾地区的地理优势，将商业、文化和娱乐设施融入水域环境中。通过建设临水的购物区、公园和文化场所，成功打破了传统城市规划的界限，使城市空间更加开放与宜人。这种整合方式不仅提高了滨海湾地区的吸引力，也为居民和游客创造了独特的城市体验。

其次，新加坡滨海湾的规划成功实现了城市的可持续发展。在规划过程中，规划师注重生态环境的保护和可持续利用。规划师通过引入绿化带、生态湿地等自然元素，不仅提升了城市的生态质量，也有效缓解了城市的环境问题。新加坡滨海湾的建设考虑了未来城市发展的方向，通过引入可再生能源和智能城市技术，为城市的长期可持续性奠定了基础。

此外，滨海湾的规划还注重社区参与和文化保护。规划师积极与当地社区合作，充分考虑居民的需求和期望。通过保护当地文化遗产，规划师在滨海湾地区建设了文化中心、博物馆等设施，为城市增添了独特的文化氛围。社区参与的方式不仅提高了项目的可行性，也使滨海湾成为一个充满活力和社区感的城市中心。

总体来说，新加坡滨海湾的规划成功地整合了水域资源，实现了可持续发展，并注重了社区参与和文化保护。这一案例为其他城市规划提供了有益的经验，展示了如何通过规划与建设，创造一个宜居、可持续发展的城市中心。

（二）问题与解决方案的总结

城市规划中常见的问题及解决方案是规划师在实践中需要面对和解决的核心议题。以下是针对土地争夺、环境保护和社会反响的问题的深入分析和解决方案：

1. 土地争夺的问题

（1）深入了解与分析土地利用状况

在解决土地争夺问题时，规划师首先需要深入了解城市的土地利用状况。通过地理信息系统（GIS）等工具，规划师可以收集、整理并分析土地利用的数据，明确各功能区域的分布和利用状况。

（2）制定科学的土地政策

科学的土地政策是解决土地争夺的关键。规划师应根据土地利用状况和城市发展需求，制定科学合理的土地政策。这包括划定各功能区域的范围、提高土地利用效率、防止过度开发等方面的措施。

（3）多方协商的策略

在土地争夺问题中，涉及不同利益方的协商至关重要。规划师应组织多方协商，包括政府、企业、社区等各方的代表，共同商讨土地利用的最佳方式。通过达成共识，可以在尊重各方利益的基础上实现土地的合理利用。

2. 环境保护的挑战

（1）科学评估环境影响

在城市规划中，规划师应当进行科学全面的环境影响评价。这包括对建设项目可能对周边生态系统、水源、空气质量等产生的影响进行评估。通过科学评估，规划师可以更好地把握建设对环境的潜在影响。

（2）引入绿色技术与可持续发展标准

为应对环境保护的挑战，规划师应引入绿色技术和可持续发展标准。采用可再生能源、推广绿色建筑设计、设立生态保护区等都是有效的策略，有助于在城市规划中实现环境的可持续发展。

（3）制定综合性生态保护计划

规划师应制定综合性的生态保护计划，考虑到城市发展的同时如何最大限度地保护周边自然环境。这可能包括建设生态廊道、设立绿色带、保护重要的生态系统等手段，以确保城市与自然环境的和谐共生。

3.社会反响的处理

（1）加强社会参与公众沟通

解决社会反响问题的首要任务是加强社会参与和公众沟通。规划师应当主动与居民、社区组织等建立沟通机制，征求他们的意见和建议。通过民主化的决策过程，规划师可以更好地理解社会需求，提高规划方案的可接受性。

（2）灵活调整规划方案

规划师在规划过程中需要保持灵活性，及时根据社会反响调整规划方案。这可能包括减少对居民生活影响的规划要素、修改建设方案以满足社区期望等，以确保规划的实施不引起社会动荡和抵制。

（3）社区参与的经验融入规划中

将社区参与的经验融入规划中是解决社会反响问题的有效途径。规划师可以设立社区工作组、组织公民论坛等形式，将社区居民纳入规划决策过程，使他们在规划中发挥更积极的作用。这样的参与过程有助于提高居民对规划的认同感。

通过对土地争夺、环境保护和社会反响问题的科学分析与解决方案的总结，规划师可以更好地应对城市规划中的各种挑战，确保规划方案的科学性、可持续性和社会接受性。这种综合性的解决方案不仅有助于平衡城市发展各方面的利益，还有助于建设更宜居、更可持续的城市空间。

（三）城市可持续发展的实际操作

1.生态保护的实际手段

在城市规划的实际操作中，生态保护是至关重要的方面，规划师需要通过一系列切实可行的手段来确保城市的生态环境持续健康。首先，建立生态红线是一项有效的手段。通过划定生态敏感区域，规划师可以明确禁止或限制在这些区域进行大规模的城市开发活动，从而确保自然生态系统的完整性。这有助于保护重要的生态节点、自然栖息地和生态廊道，维护城市生态平衡。

其次，进行生态环境评估是不可或缺的步骤。规划师应通过科学的手段评估城市发展对生态系统的影响，包括土地利用变化、生物多样性的变化等。这样的评估可以提供具体的数据支持，帮助规划师更好地理解城市发展与生态环境之间的关系，为规划方案的制定和调整提供科学依据。

同时，规划绿地系统也是生态保护的关键措施。增加城市绿化率，通过绿道、公园、城市森林等手段打造生态景观，不仅有助于改善城市环境质量，还能提高城市居民的生活质量。规划师需要综合考虑城市的自然地理特征，确保绿地系统的布局合理，能够在城市中形成生态网络，为城市居民提供休闲、娱乐和健康的场所。

通过建立生态红线、进行生态环境评估和规划绿地系统等实际手段，规划师可以在城市规划中有效实施生态保护，促使城市在发展的过程中与自然环境实现和谐共生。

2.资源利用的有效途径

在实现城市可持续发展的过程中，规划师需要关注资源的有效利用，采取一系列切实可行的途径来推动循环经济、节能减排和资源回收。首先，推广循环经济理念是关键之一。规划师可以通过制定相关政策和法规，鼓励企业在生产过程中实行废物资源化利用，减少资源的浪费。建立循环经济产业体系，促进资源在不同产业之间的流通和再利用，有助于降低城市的整体资源消耗。[2]

其次，节能减排技术的应用是实现可持续资源利用的重要手段。规划师应该引导企业和居民采用低碳环保的生产与生活方式，鼓励使用节能设备，提倡绿色交通方式，从而减少能源的消耗和对环境的负面影响。通过在城市规划中引入节能标准和技术，规划师能够推动城市向着更加环保和可持续的方向发展。

另外，推动资源回收也是实现资源有效利用的关键举措。规划师可以通过建设便捷的回收站点，制定明确的资源回收政策，增强居民和企业的资源回收意识。通过完善城市的废弃物管理系统，规划师有望实现废弃物的最大化再利用，减轻对新资源的需求。

通过推广循环经济理念、引导节能减排技术的应用和推动资源回收等途径，规划师可以在城市规划中有效实现资源的可持续利用，为城市的可持续发展奠定坚实基础。

3.社会公平的考量

在城市规划中，社会公平的考量是确保城市可持续发展的基石。规划师在设计城市布局时，应通过一系列手段来实现社会公平，以确保不同社会群体能够平等分享城市发展的机会和成果。

首先，均衡布局公共服务设施是实现社会公平的重要举措之一。规划师应当考虑不同区域的基础设施建设，确保各个区域的居民都能够便利地获得高质量的公共服务，如教育、医疗、交通等。通过精心规划和合理布局，城市可以避免发展的过度集中，减少资源在城市中的不均衡分配，从而提高整体的社会公平水平。

其次，制定贫困地区发展政策是实现社会公平的另一重要手段。规划师需要深入了解城市中存在的贫困地区，制定专门的政策来改善这些地区的基础设施和社会服务水平。这可能包括增加对该地区的投资、提高就业机会、改善居住环境等方面的措施。通过有针对性的政策支持，可以逐步减小不同地区之间的发展差距，实现城市更为平衡和包容的发展。

此外，注重社会参与也是实现社会公平的关键因素。规划师在规划过程中应当主动与社区居民、利益相关方进行沟通和协商，听取不同社会群体的声音和需求。通过广泛参与，可以更好地了解社会的多元化需求，确保规划方案更具包容性和公正性。

第三章 城市环境与生态规划

第一节 城市生态环境保护与修复

一、城市生态环境问题的识别与评估

（一）空气质量的识别与评估

1.大气污染源的分布

在进行城市空气质量的识别与评估时，规划师的首要任务是深入了解大气污染源的分布情况。这涉及调查和分析城市内各类潜在的污染来源，包括工业企业、交通运输以及能源利用等活动。通过系统而全面的调查，规划师能够准确判定哪些因素是主要的大气污染源。

对于工业企业而言，规划师需考虑其规模、生产工艺以及使用的排放控制技术。不同行业的工业活动可能产生不同类型和量级的污染物，因此必须具体分析每个工业源的特征。交通运输是另一主要污染源，涉及机动车辆的尾气排放和道路扬尘。规划师需要关注交通流量、车辆类型以及交通基础设施的布局，以更全面地评估交通对空气质量的影响。

能源利用也是城市大气污染的重要方面。燃煤、燃气和其他能源的使用都可能释放空气污染物。规划师需要了解城市能源结构、能源消耗模式以及能源产业的分布，以确定能源利用对大气环境的潜在影响。

在评估大气污染源时，规划师还需考虑排放的高度，因为这直接关系到污染物在大气中的传播和扩散。不同高度的排放源对地面空气质量的影响程度各异，因此必须全面考虑这一维度。

通过深入了解大气污染源的分布情况，规划师能够为城市空气质量的改善制定有针对性的规划和措施。这种全面而系统的分析有助于明确主要污染因素，从而有针对性地应对城市面临的空气质量问题。

2.主要污染物的种类和浓度

在进行空气质量评估时，规划师需要关注主要污染物的种类和浓度，这是确保对城市空气质量全面了解的重要步骤。主要污染物包括颗粒物（PM2.5、PM10）、二氧化硫（SO_2）、氮氧化物（NOx）、一氧化碳（CO）等。

颗粒物是空气中悬浮的微小颗粒，其大小分为细颗粒物（PM2.5）和可吸入颗粒物（PM10）。PM2.5颗粒物直径小于2.5微米，能够深入呼吸道，对人体健康影响较大。PM10颗粒物直径小于10微米，同样对呼吸系统造成危害。规划师需要关注这两类颗粒物在不同季节和气象条件下的浓度分布，以制定相应的防治策略。

二氧化硫（SO_2）主要来自燃煤和燃油的燃烧过程，其在空气中的浓度与工业活动和能源利用密切相关。氮氧化合物（NOx）主要包括一氧化氮（NO）和二氧化氮（NO_2），来源于交通尾气和工业排放。规划师需要了解这些气体在城市中的浓度分布，特别是交叉口和工业集中区域可能存在的高浓度区域。

一氧化碳（CO）是燃烧过程中产生的一种无色、无味的气体，主要来自机动车辆和工业排放。规划师应重点关注一氧化碳的浓度，特别是交通密集区域和工业用地，以评估其对空气质量的影响。

建立空气质量监测网络是获取实时数据的有效途径。规划师可以通过监测数据了解污染物浓度的时空分布，从而更准确地评估城市空气质量状况。这有助于规划师制定有针对性的规划和措施，以改善和维护城市空气质量。

3. 与气象条件相关的大气扩散情况

城市空气质量的评估需要综合考虑气象条件，其中包括风向、风速、温度、湿度等因素。这些气象因素对大气扩散和污染物传播具有重要影响，规划师需要深入分析它们在不同情况下的变化，以全面了解城市空气质量的时空分布。

首先，风向是影响城市空气质量的重要因素之一。风向的变化直接关系到污染物的传播路径。规划师可以通过数值模拟和实测数据，确定不同季节和时间段内的主导风向，从而预测污染物在城市中的传播方向。

其次，风速也对大气扩散有显著影响。较高的风速有助于将污染物迅速稀释、扩散，降低其浓度。规划师需关注风速的季节性变化，特别是在城市周边的地形影响下，风速可能存在局部差异。

温度和湿度是影响空气密度与稳定性的重要气象因素。温度较高、湿度较低的情况下，空气容易上升形成对流，容易将污染物扩散到更高的空间。规划师需要关注这些气象条件的时空分布，以更好地理解城市中不同区域的空气质量特征。

通过综合分析气象条件，规划师可以评估不同气象条件下的大气扩散情况，为制定改善城市空气质量的措施提供科学依据。这包括选择合适的污染治理设施位置、调整工业企业生产排放时机等，以最大程度地减缓污染物对城市的影响。

（二）水质污染的识别与评估

1. 污染源的类型与排放量

在进行水质污染的识别与评估时，关注不同类型的污染源及其排放量至关重要。规划师需要深入了解城市内存在的各类污染源，包括工业废水、生活污水、农业面源污染等，以全面了解水质污染的来源和规模。

首先，工业废水是城市水体受到的主要污染之一。规划师需要调查城市内的工业企业，了解它们的生产过程和废水排放情况。重点关注排放的有害物质种类、浓度以及排放量，从而评估工业废水对周边水体的影响。

其次，生活污水也是城市水质污染的重要来源。规划师需研究城市内各类生活污水的产生和排放渠道，包括居民区、商业区和公共设施等。通过监测不同区域的生活污水排放量和水质状况，可以确定生活污水对水体的负荷情况。

农业面源污染是涉及农业活动的一种污染形式，主要包括农田径流、农药、化肥等。规划师需要了解城市周边农业区域的农业种植结构、农业活动方式，以及农业面源污染的具体情况。通过分析不同季节和降雨条件下的径流情况，可以评估农业面源污染对水体的负荷程度。

通过深入了解不同类型污染源的排放量和水质状况，规划师能够确定主要受影响的水体，并有针对性地提出水质改善的规划和措施。这包括制定有效的污染物减排计划、规范污水处理设施的建设和运营等，以维护城市水体的生态健康。

2.水体受污染程度的评估

为了全面评估水体的受污染程度，规划师需要制定系统的水质监测方案。该方案包括采集水样、分析水质指标等步骤，旨在获取详尽的水质数据，以便科学评估水体的污染状况。

首先，规划师应该设计合理的监测网络，覆盖城市内主要水体及其流域。通过在关键位置设置监测站点，采集表征水质的水样。这涵盖了不同季节、降雨条件和流域特征，以获取全面、时空动态的水质数据。

其次，监测内容应包括关键的水质指标，如溶解氧、氨氮、总氮、总磷等。这些指标可以反映水体中的营养盐含量、有机物负荷等情况，为评估水质提供科学依据。同时，还需监测特定的污染物，如重金属、有机污染物等，以全面了解水体的综合受污染程度。

通过采集的水质数据，规划师可以分析水体中各种污染物的浓度分布，了解其时空变化规律。这有助于确定污染源、污染物迁移途径，并评估不同区域对水质的影响程度。

最后，评估水体受污染程度时，规划师需综合考虑水质数据、环境背景和水体用途。针对不同水体的特点，进行综合判断，包括水体对人体健康和生态系统的影响。这种全面的评估有助于确定水体的受污染程度，并为后续的水质改善规划提供科学支持。

（三）噪声污染的识别与评估

1.主要噪声源的分布

在进行噪声污染的识别与评估时，规划师需要详细了解城市中主要的噪声源，以制定有针对性的噪声控制策略。通过调查和测量，可以确定以下几个方面的主要噪声源：

首先，交通噪声是城市中最常见的噪声源之一。道路交通、铁路运输、航空飞行等都可能产生不同程度的噪声。规划师需要具体了解不同交通方式的运行情况，包括交通流量、车辆类型、行驶速度等，以便精准评估交通噪声的分布和强度。

其次，工业区域通常是噪声的重要来源。规划师需调查工业园区内的生产设备、工艺流程，了解工业活动产生的噪声类型和强度。此外，对于不同类型的工业，如制造业、建筑业等，也需要分别考虑其噪声特征。

第三，社会生活噪声涉及人们的日常生活活动，包括商业区域、娱乐场所、居住区等。这可能包括商业设施的运营、社区活动、娱乐场所的音乐和人声等。规划师需要调查这些区域内的主要噪声源，以了解其对周边环境的影响。

通过了解不同噪声源的分布情况，规划师可以全面把握城市噪声污染的来源和分布特征。这为进一步的噪声控制和规划提供了基础数据，有助于制定科学有效的噪声管理策略，改善城市环境质量。

2.噪声水平的监测与分析

为了有效管理城市噪声污染，规划师需要建立噪声监测网络，实施系统的噪声水平监测。这一监测体系应覆盖城市的不同区域，以获得全面的噪声数据。监测的数据分析是深入了解城市噪声水平、发现规律、为制定控制策略提供科学依据的关键步骤。

在白天和夜晚的噪声水平监测中，规划师可以分析城市的日夜变化规律。白天可能受到交通、工业活动等的影响，而夜晚则可能受到社会生活和交通的特殊影响，如夜间交通、娱乐场所的音乐等。

考察不同季节的噪声水平，可以帮助规划师了解气象条件对噪声传播的影响。冬季可能由于空气稳定，噪声传播距离较远，而夏季可能因为气象条件复杂，导致噪声在城市中的扩散受到不同程度的影响。

此外，对工作日和周末的噪声水平进行监测与分析也是重要的。人们在不同时间段和不同工作状态下的活动可能导致噪声水平的差异，了解这种差异可以为制定差异化的噪声控制策略提供支持。

通过全面的噪声监测和详细的数据分析，规划师可以深入了解城市噪声污染的时空特征，为制定具体、有效的噪声管理和控制策略提供科学基础。这种系统性的噪声水平监测不仅有助于改善城市居民的生活环境，也是城市规划中提升整体环境质量的重要一环。

二、城市生态环境修复的策略与技术

（一）绿化规划

1.绿化带设计

绿化带在城市规划中扮演着重要的角色，其设计应是一个注重生态、美观且能够有效改善城市环境的复杂过程。规划师在进行绿化带设计时需要综合考虑多个因素，以确保其在城市中发挥最大的生态效益。

首先，绿化带的布局要有针对性地位于城市主干道和水域边缘等区域，这样可以更好地发挥其生态修复和城市美化的功能。主干道上的绿化带不仅可以缓解交通带来的压力，还能够为行人提供休息、游憩的空间，水域边缘的绿化则有助于改善水体生态环境。

其次，引入各类乔、灌木植物是设计绿化带的关键步骤。规划师需要根据不同区域的气候、土壤等条件，选择适应性强、抗逆性好的植物种类。通过巧妙的搭配，可以形成四季有花有果的景观，为城市注入生机和活力。

设计绿化带时，规划师还需考虑植物的生长特性，确保其能够在城市环境中良好生存。这包括植物的生长周期、高度、扩展性等方面的特性，以避免过度生长导致的管理难题，确保绿化带的长期可持续发展。

绿化带设计应该是一个多方面综合考虑的过程，不仅要满足城市美观的需求，更要兼顾生态环境的改善和植物的良好生长。通过科学合理的设计，绿化带将成为城市中独具特色的生态绿洲，为居民提供宜人的生活环境。

2. 城市公园规划

城市公园规划是城市设计中的关键环节，旨在为居民提供休闲娱乐、文化交流和身心健康的场所。规划师在这一过程中需要充分考虑不同区域的功能定位，以创造出多元化、富有特色的城市公园。

首先，生态湿地的设置是城市公园规划的重要组成部分。规划师可以将一些区域设计成生态湿地，通过植被的选择和水体的合理规划，打造出有利于生态系统平衡的环境。这不仅有助于改善城市生态状况，还为市民提供了近距离接触自然的机会。

其次，城市公园的规划要考虑到不同居民群体的需求。通过设置花草广场、儿童游乐区、健身设施等不同功能区域，可以满足不同年龄层和兴趣爱好的市民，增加公园的吸引力和使用率。这样的设计有助于提升社区凝聚力，促进居民之间的互动和交流。

合理规划城市公园的绿地比例是确保其在城市绿化中充当亮点的关键。绿地的布局不仅要美观，更要考虑植被的生态功能，为城市提供氧气、净化空气等生态服务。通过科学合理的设计，城市公园可以成为市民放松心情、锻炼身体、感受大自然的理想场所。

城市公园规划需要注重多样性、生态性和社区互动性。规划师通过巧妙的设计，可以使城市公园成为城市绿肺，为居民提供一个宜人的休闲空间，同时推动城市的可持续发展。

3. 屋顶花园规划

屋顶花园的规划是城市设计中推动垂直绿化的一项重要举措，旨在充分利用城市建筑的屋顶空间，创造出独特的生态环境，提高城市的整体绿化水平。

首先，鼓励建筑物设置屋顶花园是居民和环境双赢的策略。通过政策引导和激励措施，规划师可以鼓励建筑业主将屋顶空间转化为花园，为居民提供一个休闲娱乐的场所。这不仅提高了城市绿化率，还改善了城市居住环境，提高了市民的生活品质。

其次，屋顶花园有助于降低建筑的能耗。通过屋顶花园的绿植覆盖，建筑物可以减少夏季的日照直射，降低室内温度，减轻空调负荷，提高建筑的能效性能。这对于城市节能减排和可持续发展具有积极的影响，符合现代城市绿色建筑的理念。

此外，屋顶花园还能为城市增添独特的绿色景观，提高城市的美观度和宜居性。规划师在设计中可以选择适宜的植物种类，创造出四季有花有果、层次分明的屋顶花园景观，形成城市的绿色地标。这样的景观不仅为市民提供了欣赏和休憩的场所，也为城市增色不少。

最后，屋顶花园的规划需要兼顾生态系统的多样性。规划师可以通过选择不同种类的植物，布置生态缓冲区，鼓励生物多样性的发展。这有助于构建城市内的微型生态系统，提升城市生态韧性，应对气候变化和环境压力。

总体而言，屋顶花园的规划是一项创新而可持续的城市设计策略。通过引导建筑业主参与，合理设计绿化方案，屋顶花园将成为城市垂直绿化的亮点，为城市注入更多生机和活力。

（二）水系恢复

1.湿地修复

湿地修复是城市规划中重要的生态保护和恢复工作，以维护水系生态平衡、改善水质为目标。规划师在水系恢复中需制定全面的湿地修复方案，重建受损湿地生态系统，使其能够有效发挥水质净化和生态调节功能。

首先，湿地修复方案的设计需要综合考虑湿地植被的引入。湿地植物对水质的净化具有显著效果，能够吸收有害物质、稳定水体底泥，并提供适宜鱼类和其他水生生物生存的栖息环境。[3]规划师可以通过合理选择湿地植物种类，建立具有生态系统稳定性的湿地植被群落，提升湿地的生态功能。

其次，湿地修复方案应注重水体的净化工程。通过引入湿地自净能力强的植物，规划师可以促进水体中废水的降解和有害物质的去除。湿地修复项目通常包括构建人工湿地和湿地过滤系统，以增强湿地对水体中污染物的净化效果，保障水域生态系统的健康。

同时，湿地修复方案还需考虑湿地生态系统的整体布局。规划师可以通过生态走廊、湿地廊道等手段，促进不同湿地之间的生态连接，形成生态系统的协同作用。这有助于提高湿地的整体抗干扰素力，降低外部环境变化对湿地生态系统的影响。

总体而言，湿地修复方案应当是一项多层次、多领域的综合工程。通过科学合理的规划和实施，可以有效地提升城市湿地的生态功能，保障水域生态系统的健康，实现城市水系的可持续发展。

2.河流生态修复

河流生态修复是城市规划中的关键环节，旨在还原受损河道的自然状态，提升水质，改善河流生态系统。规划师在制定河流生态修复计划时需采用多层次、多方面的手段，以实现全面的生态修复目标。

首要的修复措施之一是清理水体。城市河流常常受到垃圾、废弃物和污泥的污染，影响水体的透明度和水质。规划师可以通过定期清理和治理河道，清除废弃物，恢复水体的自净能力，提高水质标准。

改善河床结构也是河流生态修复的关键步骤。规划师可以通过合理的河床整治，调整河流横截面形态，促使水体更好地流动。这不仅有助于减缓水流速度，降低洪水风险，还为水生植物和动物提供了更适宜的生境。

另一方面，增加岸边植被是河流生态修复的重要手段之一。规划师可以通过引入适宜的水生植物，修复岸边植被带，以提高岸边的生态稳定性。水生植物能够吸收有害物质，减缓水流速度，同时提供栖息地，促进河流生态系统的多样性。

最后，规划师需要注重社区参与和教育。通过开展公众参与活动，提高市民对河流生态修复的认知水平，鼓励居民爱护河流环境，共同参与生态修复工作。

综合而言，河流生态修复计划需要科学合理地整合多种手段，以实现水体的清洁、生态系统的恢复，并确保城市河流在可持续发展中发挥更加重要的生态功能。

3.湖泊保护与治理

城市湖泊的保护与治理是城市规划中至关重要的一环，旨在维护湖泊水体质量、保护周边自然生态景观，以确保城市湖泊在可持续发展中发挥其重要的生态功能。

生态修复是湖泊保护与治理的首要任务之一。规划师可以通过采取一系列措施，如湿地的建设、湖泊水域的植物种植等手段，还原湖泊自然生态系统。湿地的建设不仅能够提高水体的自净能力，吸附有害物质，还有助于保护湖泊周边的生物多样性。

水质监测是湖泊治理的重要手段。规划师可以通过建立水质监测网络，对湖泊水体进行连续、系统的监测。通过监测数据的分析，规划师能够及时了解湖泊水体的质量状况，发现异常情况并采取相应的治理措施，确保湖泊水质达到相关标准。

湖泊周边的生态景观保护也是湖泊治理的重要方面。规划师可以通过规划生态景观带、设置生态廊道等手段，保护湖泊周边的自然环境，提高湖泊的整体生态质量。这包括湖泊岸边的植被带、鸟类栖息地等，为湖泊提供自然的生态保障。

此外，规划师还需注重社会参与宣传教育。通过组织湖泊保护与治理的宣传活动，提高市民对湖泊生态环境的认知水平，鼓励公众参与湖泊治理工作，共同守护城市湖泊的健康。

综合而言，湖泊保护与治理需要综合运用生态修复、水质监测、生态景观保护等多种手段，促进城市湖泊的生态平衡，为城市居民提供良好的生态环境。

（三）生态建设

1.生态网络构建

生态网络的构建是城市规划中的一项关键策略，旨在通过有机连接各个绿化空间和生态节点，促进城市生态系统的连通性，实现生物多样性的维护和提升城市生态环境的质量。

生态网络的构建可以通过多种手段来实现，其中包括建设生态廊道和绿色通道。生态廊道是指连接城市内不同区域的绿化走廊，通常沿着自然地形、水域或交通走廊布置。这些廊道可以提供生物迁徙的通道，使城市内的植物和动物能够在各个绿化空间之间进行迁徙，维持物种的多样性。

绿色通道则是在城市内设置的通道，通过适当的绿化设计，将不同区域的生态节点连接起来。这种通道可以贯穿城市的建筑群和交通干道，形成一个绿色的网络，为城市居民提供休闲、运动的空间，同时提升城市的整体生态环境。

生态网络的构建需要综合考虑城市内的自然地形、绿化空间的分布、水域系统等因素。规划师在设计生态网络时，需要合理规划节点的位置，使其覆盖城市各个区域，确保连接的有效性。同时，对于不同类型的生态节点，如湿地、公园、绿地等，规划师还需考虑其功能差异，以满足不同生物的需求。

生态网络的建设不仅有助于提高城市生态系统的稳定性和韧性，还能够改善城市景观，提供更多的生态服务，如空气净化、水资源保护等。通过促进生物物种的迁徙和繁衍，城市生态系统能够更好地适应环境变化，为居民提供更为健康宜居的城市生活。因此，生态网络的构建是城市规划中一项具有长远意义的生态策略。

2. 生态廊道设计

生态廊道的设计在城市规划中扮演着至关重要的角色，它作为城市内部生态系统的重要通道，有助于促进生物多样性、维护生态平衡，为城市提供丰富的生态服务。规划师在设计生态廊道时需要综合考虑多个因素，以确保其在城市环境中发挥最大的效益。

首先，生态廊道的位置选择至关重要。规划师应通过综合分析城市的自然地形、生态节点的分布、野生动植物的迁徙路径等因素，确定最佳的廊道位置。这可能涉及连接自然保护区、绿地、公园等不同生态节点，确保廊道贯穿城市的核心生态区域。

其次，生态廊道的宽度和布局需要根据城市的实际情况进行合理规划。宽度的设计应考虑到野生动物的活动范围和植被的生长需求，使其能够提供足够的空间供生物迁徙、繁衍和觅食。布局上需要避免过于线性的设计，而是考虑在城市中形成网络状的连接，以增加生态廊道的通行性和适应性。

此外，规划师还需要注意生态廊道的景观设计。通过引入适宜的植被、景观元素，如湿地、草地、树木等，可以创造出更为丰富多样的生态景观，吸引野生动植物栖息和繁衍。这样的设计既有助于提高廊道的生态功能，又能够丰富城市的绿化空间，提升市民的生态体验。

生态廊道的设计不仅仅是为了连接城市中的生态节点，更是为了构建城市内部的生态网络，促进城市生态系统的连通性，提高城市的整体生态质量。通过合理设计生态廊道，规划师可以为城市创造出一个更加生态友好、宜居的环境，实现城市与自然的和谐共生。

3. 自然保护区规划

自然保护区规划是城市可持续发展中的关键环节，其合理规划与管理有助于保护城市内珍稀濒危物种，维护生态平衡，提高城市生态系统的韧性。规划师在进行自然保护区规划时需要全面考虑多个因素，确保其在城市环境中发挥最大的生态效益。

首先，规划师需要确定自然保护区的大小。这需要通过对城市内部生态系统的综合评估，考虑不同生境类型、生物多样性热点区域等因素，确定自然保护区的合适大小。同时，要综合考虑未来城市发展的需求，确保保护区的设置不仅有助于生物多样性的保护，还能够与城市的发展相协调。

其次，规划师需考虑自然保护区的生境类型。城市内部可能存在多种生态环境，如湿地、森林、草地等，规划师需要根据不同的生态特征，科学划定自然保护区的边界，以确保不同生境类型得到有效的保护。这也需要充分考虑自然保护区内部的生态联系，保障不同生境类型的连通性。

同时，规划师还需确定自然保护区的保护对象。这可能包括濒危动植物、特有物种等，需要通过生态调查和监测获取准确的生物多样性信息，为制定科学的保护计划提供依据。在确定保护对象时，还应综合考虑其在生态系统中的地位和作用，确保保护目标的全面性。

最后，规划师需要制定科学的保护和管理计划。这包括建立自然保护区的监测体系、开展生态恢复工程、设立合理的管理措施等。通过综合运用现代技术手段，如生态模型、遥感技术等，规划师可以更好地实施对自然保护区的监测和管理。

自然保护区规划的成功实施不仅有助于保护城市内部的生态系统，还能够为城市居民提供休闲娱乐的场所，为城市提供清新空气和丰富的生态文化。通过合理规划和科学管理，自然保护区可以成为城市可持续发展的生态支撑点。

第二节　可持续城市发展策略

一、可持续发展理念的引入

（一）综合性理解可持续发展

1.经济、社会和环境三大维度的综合考虑

规划师首先需要深入理解可持续发展的三大维度，即经济、社会和环境。在城市规划中，规划师应该不仅仅追求经济的增长，同时考虑社会的公正和环境的可持续性。这需要规划师具备全局观念，从多方面思考城市的发展。

2.协同发展的理念

可持续发展理念强调三大维度的协同发展，规划师需要在城市规划中找到经济、社会和环境之间的平衡点。例如，在引入新的城市建设项目时，规划师不仅要考虑其对经济的贡献，还要评估其对社会公正和环境的影响，以确保城市的协同发展。

（二）原则的具体体现

1.资源的有效利用

引入可持续发展理念要求规划师注重资源的有效利用，通过制定规划政策鼓励循环经济、减少能源浪费等方式，最大限度地提高资源利用效率。

2.促进社会公平

可持续发展强调社会的公正，规划师需要在城市规划中推动公共服务设施的均衡布局，减小不同区域之间的发展差距，确保城市各个社会阶层都能享受到城市发展的成果。

3.保护生态环境

可持续发展理念要求规划师在城市规划中注重生态环境的保护。通过规划绿地、湿地保护区等，确保城市在发展过程中不破坏生态系统，保持生态平衡。

（三）公众参与教育

1.公众参与的重要性

引入可持续发展理念需要规划师与公众建立紧密联系。通过公众参与机制，规划师可以收集市民的意见和建议，形成更具共识性的规划方案。

2.社会教育的推动

为提高市民对可持续发展的认知水平，规划师可以组织各类公众讲座、推动学校可持续发展教育等。这有助于培养市民对可持续发展理念的认同，形成社会上下一心的可持续发展态势。

二、城市基础设施的可持续规划

（一）能源系统的优化规划

1.清洁能源设施的规划

规划师需要通过确定城市中清洁能源设施的合理布局，如太阳能发电站、风力发电场等，以实现城市能源的多元化和可再生。

2.能源利用效率的提升

在能源系统规划中，规划师要推动先进的能源利用技术的引入，提高能源的利用效率。这包括城市建筑的能效设计、智能能源管理系统的应用等。

3.碳中和目标的明确

规划师还应制定碳中和目标，通过规划推动城市逐步减少温室气体排放，实现能源系统的碳中和。这需要明确的时间表和科学的指标体系。

（二）交通网络的绿色设计

1.公共交通系统的发展

可持续规划要求规划师优化城市公共交通网络，包括轨道交通、公交系统等。通过建设便捷的公共交通，减少私人汽车使用，降低交通排放。

2.自行车和步行道的规划

规划师应注重设计自行车道和步行道，提高城市居民使用非机动交通工具的便捷性。这有助于减缓交通流量，改善城市空气质量。

3.智能交通管理系统的应用

引入智能交通管理系统，通过先进的技术手段，优化交通信号，实现交通流畅，降低能源浪费和环境污染。

（三）水资源的科学配置

1.雨水收集利用系统的规划

规划师应设计城市雨水收集系统，将雨水有效地收集起来进行利用，例如用于植物灌溉、冲洗道路等，以减轻城市雨洪对水资源的压力。

2.水资源循环利用的推动

通过规划水资源循环利用系统，如废水处理再利用，实现水资源的可持续利用。这有助于减少对自然水体的过度开采。

3.水资源管理的科学决策

规划师需基于水资源的实际情况，制定科学的水资源管理决策，确保城市在供水和排水方面能够实现可持续发展。

第三节　生态规划在城市设计中的应用

一、生态规划理念的引入

生态规划理念的引入对城市设计至关重要。规划师首先需要认识到城市与自然环境之间的相互依存关系，将生态系统的概念融入城市设计的方方面面。

（一）自然生态系统的保留

1.生态系统的认识

在引入生态规划理念时，规划师的首要任务是深刻认识城市与自然环境之间的紧密相互依存关系。城市并非孤立存在，而是与周围的自然环境共同构成一个复杂而动态的生态系统。这一系统内各个要素相互交织，相互影响，城市的可持续发展离不开对这种生态系统的深刻认知。

城市作为生态系统的一部分，其发展需要在日益增长的人口和经济压力下，实现与自然环境的协调和平衡。这意味着规划师需要超越传统城市规划的范畴，将城市视为一个有机整体，深入理解其中的生态要素、能量流动和物质循环。

首先，规划师需要理解城市的生态要素。这包括城市中的植被、水体、土壤等自然元素以及人为建筑、道路等人造元素。这些要素相互交织，形成城市独特的生态结构，对空气质量、水质、土壤健康等方面产生深远影响。

其次，规划师需关注城市生态系统中的能量流动。城市作为一个开放系统，需要能量来维持其正常运转。了解城市能量的输入、转化和输出是理解城市生态系统运作机制的关键。这可能涉及能源利用、交通系统、建筑设计等方方面面的因素。

同时，规划师还应考虑城市中物质的循环过程。城市中产生的废物、排放的污染物等都需要在生态系统中找到合适的环境归宿，以保持生态平衡。规划师在生态规划中需要制定合理的废弃物处理和资源回收方案，减少对环境的负面影响。

深刻认识城市与自然环境的相互依存关系，有助于规划师在城市设计中更全面地考虑生态系统的稳定性和可持续性。只有将城市规划纳入更大范围的生态背景中，才能实现城市与自然的和谐共生，为未来的城市可持续发展奠定坚实基础。

2.重要生态元素的识别

规划师在城市规划中的关键任务之一是识别并保护城市中的重要生态元素，这包括自然景观、湿地、树木等。通过科学的生态学调查和评估，规划师能够全面了解这些元素在城市生态系统中的价值和作用，为合理保留生态元素和科学规划提供坚实的依据。

首先，对自然景观的识别至关重要。自然景观是城市中的独特地理要素，包括山川、湖泊、草原等自然地貌。规划师需要通过地形分析和生态调查，识别城市内存在的自然景观，并评估其对城市生态平衡、空气质量和视觉美感的影响。这有助于规划师确定哪些景观元素需要得到特别的保护和管理，以确保它们的原始状态得以保留。

其次，湿地的重要性也不可忽视。湿地是生态系统中的关键组成部分，具有水体净化、生物多样性维护等重要功能。规划师需要通过湿地调查，了解城市中湿地的分布、类型和生态特征。基于对湿地功能的深刻认识，规划师可以提出相应的保护措施，确保湿地系统的完整性和稳定性。

树木作为城市绿化的主要组成部分，也是至关重要的生态元素。规划师需要识别城市内的重要树木，包括具有历史意义、生态功能显著的老树，以及对城市气候、空气质量有重要影响的优势树种。通过进行树木清查和评估，规划师可以科学合理地规划绿化空间，保护珍贵树木，提升城市的生态质量。

总体而言，规划师通过对城市中重要生态元素的综合识别和评估，能够制定更具科学性和可持续性的城市规划方案。这不仅有助于保护城市自然环境，还能提升居民的生活质量，构建更加和谐宜居的城市空间。

3.完整性和健康的维护

在城市规划中，强调保留原有生态系统的完整性和健康是至关重要的。规划师需要通过多种手段来实现这一目标，确保城市的发展与自然环境的和谐共存。

首先，建立生态保护区是保护城市原有生态系统完整性的有效途径。规划师可以通过划定生态保护区域，明确禁止开发和破坏的区域，以保护其中的生态系统。这些保护区可以包括自然风景区、野生动植物保护区、湿地保护区等，根据当地的自然条件和生态特征进行科学划分。通过对生态保护区的规范管理，规划师能够确保这些区域的生态系统得以有效维护和保留。

其次，制定严格的土地利用政策也是保护城市生态系统健康的关键措施。规划师应当根据城市的自然环境特征和生态脆弱性，科学规划土地利用，合理划定不同区域的功能和用途。严格限制在生态敏感区进行开发，保护水源涵养区、风景名胜区等核心区域的生态系统。通过土地利用政策的有效实施，规划师可以引导城市发展沿着生态友好的方向前进，确保城市生态系统的健康状态。

此外，注重城市内部的生态平衡也是维护完整性和健康的重要举措。规划师应当关注城市内部的生态系统，合理规划城市绿地、水体、交通网络等基础设施，保障城市内各部分的协调发展。通过引入绿化带、生态廊道等元素，形成有机的生态网络，促进城市内生物多样性和物种迁徙。这有助于确保城市整体生态系统的健康和平衡。

总体而言，强调保留原有生态系统的完整性和健康是一项复杂而长期的任务。规划师需要综合考虑自然环境、社会需求和经济发展的关系，通过科学的规划和有效的管理，实现城市与自然的和谐共生。这不仅有助于维护城市的生态健康，还能为后代留下可持续发展的宝贵资源。

（二）合理规划绿地空间

1. 美化与生态功能的融合

在生态规划的理念引导下，绿地空间的规划已经不再局限于仅仅为了美化城市，更追求充分发挥其生态功能。规划师需要通过合理的设计，将城市公园、绿化带、社区花园等绿地空间纳入城市生态系统，实现美化与生态功能的有机融合。

首先，城市公园的规划不再仅仅关注其景观效果，更注重其在城市生态系统中的角色。规划师可以通过选择适宜的植被、布局合理的水体等手段，使城市公园不仅成为市民休憩娱乐的场所，更发挥生态功能，维护城市的生态平衡。例如，在公园规划中引入湿地区域，可以起到净化水质、改善生态环境的作用。

其次，绿化带的规划也应该超越传统的美化范畴，更强调其在城市生态系统中的重要性。规划师可以通过合理规划绿化带的位置和宽度，使其成为连接不同城市区域的生态走廊，促进物种迁徙和城市生态系统的连通性。这样的设计不仅能提高城市的生态可持续性，还能为居民提供更好的休闲和运动空间。

此外，社区花园等小型绿地的规划也应注重生态功能的发挥。规划师可以通过引入多样性的植物、设置自然景观元素，打造更具生态特色的社区绿地。这不仅能增强社区居民的生态意识，还有助于改善周边环境，提升社区的整体生态质量。

2. 提升生态可持续性

绿地在城市规划中具有多重功能，不仅可以改善城市空气质量和温度，还能提供丰富的栖息地，保护城市内的生物多样性。因此，规划师在设计和规划绿地时应注重其多样性，通过合理的植被选择和分布，以增加城市的生态可持续性。

城市绿地的多样性表现在植被的种类、结构和布局上。首先，规划师可以选择适应当地气候和土壤条件的本土植物，引入多样性的植被，包括乔木、灌木、草本等，以形成丰富的植被群落。这样的植被选择不仅有助于提高城市绿地的生态适应性，还能够提供更丰富的生态功能。

其次，通过在绿地中设置不同类型的区域，如湿地、草坪、花园等，规划师可以创造出多样性的生境。湿地区域有助于水质净化和水源补给，草坪则提供了人们休闲娱乐的场所，而花园则丰富了植物的种类，吸引了更多的生物种群。这样的设计不仅使城市绿地更具观赏性，同时最大程度地发挥了生态系统的多样性。

另外，规划师还可以通过合理的植被分布，营造垂直结构的绿地，包括地面植被、灌木层和树冠层。这样的垂直结构既能够增加绿地的层次感，也有助于提供更多的生境和食物来源，吸引更多的野生动植物，从而促进城市内生物多样性的发展。

3. 社区参与反馈

在规划城市绿地空间时，规划师应该积极促进社区参与，充分考虑居民的需求和意见。社区参与是建设具有社会认同感和可持续性的绿地空间的关键一环。通过采用调查问卷、公众听证等方式，规划师能够获取社区反馈，使绿地规划更贴近居民实际需求，提高生态空间的利用效率。

首先，规划师可以通过开展社区调查问卷，了解居民对于绿地空间的期望和需求。问卷可以涵盖绿地功能、植被类型、活动设施等方面，以全面了解社区居民的偏好和意见。这样的参与方式不仅能够收集大量反馈信息，还能够让社区居民在规划过程中发表自己的看法，提高整体规划的合理性和可行性。

其次，规划师可以组织公众听证会，为居民提供直接表达意见的平台。通过举办公开的座谈会或研讨会，规划师可以听取社区居民的声音，了解他们对绿地规划的期望、疑虑和建议。这种实质性的交流有助于建立规划师与社区居民之间的良好沟通渠道，增强规划的透明度和参与度。

同时，规划师还应该注重社区反馈的及时性和有效性。在收集到反馈信息后，及时向社区居民反馈调查结果，并明确哪些建议被采纳，哪些无法实施，并且说明原因。这样的交流机制有助于建立规划决策的公正性和可信度。

通过充分考虑社区居民的需求和反馈，规划师能够制定更为人性化和符合实际情况的绿地规划方案。这种基于社区参与的规划方法不仅能够提高绿地空间的社会接受度，也有助于建立更加和谐的城市生态环境。

（三）推动低影响开发

1. 低影响开发的概念

低影响开发是生态规划中的关键概念，旨在通过最大程度地减少对自然环境的不良影响，促使城市的建设和发展更加可持续和生态友好。规划师在理解和应用低影响开发概念时，需要将其融入具体的城市规划和建设项目，以实现生态系统的保护和城市可持续性的提升。

低影响开发的核心思想在于最小化人类活动对土地、水源、空气和生物多样性等自然要素的负面影响。这一概念的引入强调了在城市规划和建设中需要综合考虑环境、社会和经济的相互关系，以实现可持续发展的目标。

在城市规划中，低影响开发的实现可以通过多方面的策略和方法来达成。首先，规划师可以倡导更为紧凑和高效的城市设计，减少土地的占用，确保自然生态系统的完整性。通过合理规划城市用地，保留绿地和自然走廊，可以最大程度地保护原有生态系统，减缓城市对自然资源的过度消耗。

其次，低影响开发还强调水资源的可持续利用。规划师在城市规划中可以采用雨水收集系统、湿地过滤等措施，减少城市排水系统的负担，同时提高水资源的回收和再利用率。这有助于保护水体的水质，减缓城市的水资源枯竭问题。

在交通规划方面，规划师还可以推动可持续交通模式的发展，鼓励步行、自行车和公共交通的使用，减少对空气质量的不良影响。通过规划绿色交通网络，可以最小化交通对生态系统的破坏，提高城市居民的生活质量。

综合来看，低影响开发的概念为规划师提供了在城市设计和建设中更为综合、可持续的思路。通过合理应用低影响开发原则，城市可以更好地保护自然环境，提高生态系统的弹性，同时为居民创造更为宜居的城市环境。

2.绿色建筑与技术

推动绿色建筑与技术的应用是实现城市生态可持续性的重要举措。规划师在城市规划和建设中，应积极引导采用低能耗、低排放的建筑材料和技术，以降低城市基础设施对生态系统的压力，实现资源的有效利用和环境的最大保护。

绿色建筑的核心理念在于建筑在设计、建造和运营过程中最大限度地减少对环境的负面影响。这包括但不限于采用可再生能源、能效技术和环保材料，以降低建筑的能耗和碳排放。规划师可以在城市规划中鼓励并规范绿色建筑标准，以推动整个建筑行业向更为环保和可持续的方向发展。

在材料选择方面，规划师可以倡导使用可循环、可再生、环保的建筑材料，减少对非可再生资源的过度开采。此外，规划师还可以通过引入新型建筑技术，如智能建筑控制系统、高效隔热材料等，提高建筑的节能性和环保性。

可再生能源的应用也是推动城市朝着更为可持续方向发展的重要手段。规划师可以在城市规划中引入可再生能源设施，如太阳能电池板、风力发电等，以满足城市能源需求并降低对传统能源的依赖。

绿色建筑不仅有助于减少能耗和环境污染，还能提升城市建筑的宜居性和用户舒适度。规划师在规划过程中可以考虑采用自然通风、绿化屋顶、雨水收集等设计元素，创造更为健康、舒适的居住环境。

通过推动绿色建筑和可再生能源技术的应用，规划师可以为城市创造更加环保、节能、可持续的发展模式，促进城市与生态系统的良性互动，为未来城市的可持续发展奠定坚实基础。

3.生态影响评估

引入生态影响评估机制是城市规划中的一项关键举措，旨在评估不同发展方案对生态系统的潜在影响，从而更全面、科学地考虑生态系统的健康与可持续性。生态影响评估在城市规划中的应用，为规划师提供了重要的决策支持工具，有助于确保城市发展与自然环境的协调和平衡。

生态影响评估的核心目标是量化、分析城市规划与建设对生态系统的影响，旨在最大程度地减少不良生态效应，确保城市发展在可持续性原则下进行。为实现这一目标，规划师需要采用科学的评估方法，考虑生态系统的各个方面，包括土壤、水体、植被、野生动植物等。

在生态影响评估中，规划师首先需要明确评估的范围和目标。这可能涉及城市规划项目对周围环境的潜在影响，例如土地使用变更、建筑设施、交通系统等。明确定义评估的范围有助于更准确地捕捉潜在的生态影响因素。

其次，规划师需要采用先进的科学技术和模型，以定量和定性的方式评估城市规划对生态系统的潜在影响。这可能包括使用遥感技术、GIS（地理信息系统）技术、生态模型等工具，综合考虑自然资源利用、生态系统功能变化、生物多样性等因素。

生态影响评估的结果应该在决策制定中发挥关键作用。规划师需要将评估结果纳入城市规划决策的考虑因素，提出相应的改进建议，以确保城市规划在最大程度上保护和促进生态系统的健康。

最后，生态影响评估需要与公众参与机制相结合，确保居民对城市规划的生态影响有充分了解，并能够提供反馈。透明的评估过程和公众参与有助于确保城市规划符合广大市民的期望和利益，促进城市发展的可持续性。通过引入生态影响评估机制，规划师可以更加全面、科学地考虑城市与自然环境的关系，为建设生态友好型城市提供科学依据。

二、生态设计的实践经验

（一）城市公园的规划

1.生态系统服务的整合

在城市公园规划中，规划师需要综合考虑生态系统服务，如水源涵养、空气净化、温度调节等。通过合理的植被布局和水体规划，城市公园不仅为市民提供休憩娱乐的场所，同时成为城市生态系统的重要组成部分。

2.多样性的植被选择

规划师在设计城市公园时，应注重多样性的植被选择。引入本土植物、建立生态景观，有助于提高城市生物多样性，形成具有生态功能的城市绿地系统。

3.水体规划与湿地保护

城市公园的水体规划不仅要美化景观，更要考虑水体与生态系统的关系。规划师可以通过构建人工湖泊、湿地保护区等手段，促进水体的自净能力，维护水生态系统的健康。

（二）水体的恢复

1.生态水系设计

生态设计的核心在于将水体规划与生态系统的恢复相结合。规划师在设计水体时，可以引入人工湿地作为关键要素。人工湿地是模拟自然湿地功能的人造水体，通过湿地植物的生长和微生物的作用，能够有效净化水体，去除有害物质。此举不仅能提高城市水体的水质，还为城市创造了一个天然的生态过滤系统，增加水体的生态功能。

除了人工湿地，规划师还应关注水生植物带的设计。通过在水体周边引入合适的水生植物，可以有效减缓水流速度，固定泥沙，减少水体中的悬浮颗粒物。这样的设计不仅有助于改善水体的透明度和水质，同时也为水体周边的生态系统提供了适宜的生长环境。

综合运用人工湿地、水生植物带等生态设计手段，规划师可以打造多层次的生态水系。这种设计不仅有助于水体水质的改善，还为城市创造了更为丰富的水生生态环境，促使城市水体在功能和美观性上实现协同提升。

2.自然河道修复

随着城市化的推进，很多河道经历了破坏和污染。规划师可以通过学习国内外成功的河道修复案例，了解不同河流修复方案的实施效果。借鉴这些案例，规划师可以更好地理解如何还原自然河道的形态，促进水域生态系统的恢复。

在自然河道修复中，规划师可以考虑引入生态工程手段。通过植被的恢复、河道的重新整形等措施，规划师能够有效改善河道的水动力学特性，减缓水流速度，提高水体的自净能力。这样的修复既有助于改善水体质量，又有助于提升水体周边的生态景观。

自然河道修复不仅仅是一项技术性的工程，更需要社区的积极参与。规划师可以通过组织社区参与活动、倡导环保理念等方式，促进居民对自然河道的关注和保护。社区的共治意识能够在修复工程后更好地维持河道的自然状态。

3.雨水利用与治理

在生态设计中，规划师需要充分考虑雨水的合理利用和治理。雨水花园是一种将雨水纳入设计的绿化手段，通过合理设计花园的坡度和排水系统，实现雨水的自然渗透，减缓雨水径流速度。规划师可以通过引入雨水花园，促使城市雨水在地表水体中自然循环，减轻城市排水系统的负担。

除了雨水花园，规划师还可以考虑引入雨水收集系统。这包括在建筑物屋顶设置雨水收集设施，将雨水储存用于城市景观绿化、冲洗和其他非饮用用途。通过这种方式，规划师能够在雨水资源的利用中起到引领作用，推动城市雨水的可持续管理。

（四）生态走廊的建设

1.连接不同区域的绿色廊道

城市生态走廊的建设旨在打破城市片面开发的局面，通过连接不同区域的绿色廊道，创造一个有机联结的绿色网络。这有助于促进城市的生物多样性，提升城市整体的生态质量。规划师需要考虑生态走廊的布局，使其能够贯穿城市各个区域，并与自然生态系统有机结合。通过科学规划，生态走廊可以成为城市绿化的重要组成部分，为城市居民提供更多的自然空间。

2. 物种迁徙的考虑

为了促进物种迁徙，规划师需要在生态走廊的设计中充分考虑动植物的需求。设立适当的栖息地和过渡区，确保在生态走廊中存在足够的食物和栖息空间，有助于保障动物的正常迁徙活动和植物的日常生长。这不仅有助于维持物种的种群稳定，还有助于提升城市的生物多样性，增加城市生态系统的稳定性。

3. 城市气候的调节

生态走廊的绿化植被对城市气候有着重要的调节作用。规划师可以通过精心设计绿化带的宽度和植被的结构，实现对城市气候的积极调控。生态走廊能够有效改善城市热岛效应，降低城市气温，提高城市环境的舒适性。这对于城市居民的生活质量、健康状况以及城市的整体可持续性都具有积极意义。

第四章 城市交通与交通规划

第一节 城市交通问题分析

一、城市交通拥堵的原因与影响

（一）车辆增长

1.私人车辆增长的背后因素

城市交通拥堵的主要原因之一是私人车辆的快速增加，这一趋势背后涉及多个相互关联的因素，其中经济发展、人口增长和城市扩张等是主要推动因素。首先，经济的迅速发展直接促使了居民购车能力的提升。随着城市经济的蓬勃发展，居民收入水平不断提高，购车成为更多家庭的选择，从而导致私人车辆的数量快速增长。

其次，人口的持续增长也是私人车辆增加的重要因素。城市作为人口聚集中心，吸引了大量人口涌入。随着城市人口规模的扩大，交通需求也相应增加，因而推动了私人车辆的购置和使用。人们通常认为私人车辆具有出行的灵活性和便利性，这使得更多的家庭选择拥有私人交通工具，从而加剧了城市交通的拥堵。

此外，城市的不断扩张也对私人车辆增长起到推动作用。城市扩张带来了新的居住区和商业区，而现有的公共交通网络可能无法满足这些新区域的出行需求。在这种情况下，居民更倾向于购买私人车辆，以满足他们在城市不同区域之间灵活的出行需求。这种城市扩张导致私人车辆集中流向新兴区域，使得这些区域的交通问题更加显著。

私人车辆增长的背后因素是一个复杂而多层次的系统工程，涉及经济、人口和城市规模等多个方面的相互作用。规划师在制定解决城市交通拥堵问题的策略时，需要全面考虑这些因素的影响，采取综合而有针对性的措施，以实现城市交通系统的可持续发展。

2.经济发展与汽车普及的关系

随着城市经济的蓬勃发展，人们的经济水平逐渐提高，这对私人汽车的需求产生了显著的影响。城市经济与私人车辆拥有量之间存在着紧密的关系，需要进行深入剖析，以更准确地预测和规划未来的交通需求。

首先，城市经济的发展为居民提供了更丰富的购车条件。随着城市产业结构的升级和人均收入的增加，居民的购车能力明显提升。私人汽车作为一种交通工具，不仅提供了便利的出行方式，更是一种社会地位和生活品质的象征。在经济水平提高的推动下，更多的居民选择购买私人汽车，从而增加了城市的私人车辆拥有量。

其次，城市经济的繁荣也催生了就业机会和商业活动，进一步拉动了私人汽车的需求。随着城市商业中心的扩大和人口流动的增加，居民在工作和生活之间的灵活性要求也日益提高。私人汽车能够满足个体化、定制化的出行需求，为人们提供了更便捷、舒适的交通选择。这种个体出行的需求使得私人车辆在城市交通体系中的地位日益凸显，进一步刺激了私人车辆的购买。

此外，城市经济的发展还带动了汽车产业链的健康发展。随着汽车产业的不断进步和更新，新型智能汽车、电动汽车等成为市场热点，吸引了更多消费者的购买。这种创新型汽车的普及与城市经济发展的密切关系，体现了城市居民对先进科技和高品质生活的追求。

总体而言，城市经济的发展与私人车辆的普及存在紧密的相互影响关系。经济的繁荣提高了居民的购买能力，刺激了私人购买车辆的需求，而私人车辆的增加又反过来促进了汽车产业的发展。规划师在面对城市交通规划时，应深入理解城市经济与私人汽车拥有量之间的这种关系，以科学合理的方式引导城市交通系统的发展，实现可持续的城市交通发展。

3.人口增长对交通需求的影响

人口增长是城市交通需求变化的重要因素，直接塑造了城市的出行格局。规划师在制定交通规划和管理策略时，需要深入分析城市人口结构、流动性等因素，以更好地理解人口增长对私人车辆拥有量的潜在影响，为城市未来的交通发展提供科学依据。

首先，人口增长导致了城市居民总体出行需求的上升。随着人口的增多，城市的经济、文化和社会活动不断扩大，居民的日常活动范围也随之增加。这使得城市居民对出行方式的需求更加多样化，私人车辆在满足个性化、灵活性出行需求上具备优势。规划师应通过调查研究，了解不同群体的出行习惯，以便更准确地预测和满足城市居民的出行需求。

其次，人口增长对城市交通流量和拥堵状况产生直接影响。随着人口的增加，道路交通压力逐渐增大，交通拥堵成为不可避免的问题。为了有效应对人口增长对交通系统的冲击，规划师需要通过科学的道路设计和交叉口管理，提高交通网络的运输效能，减轻拥堵对城市出行的负面影响。

另外，人口流动性的增强也是人口增长对交通需求影响的重要因素。城市人口的迁入和迁出会引起不同区域的出行需求差异，规划师应重点关注人口的流动性，合理规划交通网络，确保不同区域之间的联系畅通，为人口流动提供便利的交通条件。

人口增长对城市交通需求的影响是复杂而多维的。规划师需要通过全面的数据分析和细致的调查研究，深入了解城市居民的出行行为，有针对性地制定交通规划和管理策略。在应对人口增长对私人车辆拥有量的潜在影响时，规划师应注重促进多元化的交通方式，推动公共交通的发展，以实现城市交通系统的可持续发展。

4. 城市扩张与交通网络的扩建

城市的扩张不可避免地对交通网络提出了新的挑战，而规划师在分析城市扩张对交通基础设施的影响时，需要综合考虑多个因素，以确保交通网络的扩建能够有效满足不断增长的私人车辆需求。

首先，城市扩张引起的人口增加会直接增加对交通网络的需求。新建的住宅区、商业区和工业区的建设将带来新的通勤流，如果交通网络不能适应这些新增需求，就容易导致交通拥堵。因此，规划师需要通过深入研究城市的扩张方向和规模，提前规划相应的交通基础设施，确保其与城市扩张相协调。

其次，城市扩张带来的土地利用结构变化也对交通网络的扩建提出了要求。不同类型的土地用途，如住宅区、商业区、工业区等，对交通的需求和流量特征有所不同。规划师需要在扩建交通网络时，精细划分不同区域的交通用地，合理规划交叉口、公交站点等，以适应不同区域的出行特点。

此外，城市扩张还需要考虑未来交通需求的变化趋势，尤其是新型交通工具和交通技术的发展。规划师应关注智能交通系统、共享出行等新兴交通方式的发展，结合城市扩张的特点，制定创新性的交通规划，推动交通网络的现代化和智能化。

在实际操作中，规划师需要与城市发展规划部门、交通管理部门等相关单位密切合作，进行多方面的评估和协调。通过科学的交通规划，可以更好地促进城市扩张和交通网络的协同发展，为居民提供更便捷、高效的出行服务，同时减缓私人车辆增长对城市交通系统的冲击。

（二）道路设计不合理

1. 道路宽度与通行能力的关系

道路宽度与通行能力之间存在密切的关系，对于规划师而言，理解并合理设计道路宽度至关重要。不合理的道路宽度可能限制通行能力，成为交通拥堵的潜在瓶颈。

首先，道路宽度直接影响车辆的通行流畅性。狭窄的道路容易导致交通流受限，车辆难以迅速通过，特别是在高峰时段，狭窄的道路容易成为交通拥堵的制约因素。规划师在设计道路时，应充分考虑不同道路的交通流量，确保道路宽度能够适应预计的通行需求。

其次，道路宽度与交叉口设计密切相关。合理的交叉口设计不仅包括交叉口的形状和布局，还涉及进口道和出口道的宽度。如果交叉口进口道宽度不足，可能造成车辆排队等待的情况，影响交叉口的通行能力。规划师需要在设计交叉口时，综合考虑不同方向的通行流量，确保进口道和出口道的宽度满足交叉口的通行要求。

此外，道路宽度的不一致也可能导致通行能力的降低。在城市道路网中，连接主干道和支路的过渡段通常是道路宽度发生变化的地方。如果过渡段的宽度变化过于突然，可能引起交通流的不协调，增加了交通拥堵的可能性。规划师在设计这些过渡段时，需要考虑平滑的宽度过渡，保障交通流的连贯性。

总体而言，道路宽度与通行能力的关系需要规划师进行深入的研究和分析。通过科学的道路设计，规划师可以有效提高城市道路系统的通行能力，减少交通拥堵的发生。

2. 交叉口设置的影响

城市道路交叉口的设置对交通流的畅通具有直接而深远的影响，规划师在审查和设计交叉口时需要综合考虑多个因素，以优化交叉口管理，降低交通阻塞的概率。

首先，交叉口类型的选择对于交叉口的通行效率至关重要。城市交叉口主要包括信号控制交叉口、环形交叉口、停车标志控制的交叉口等多种类型。规划师需要根据不同区域的交通流量和道路网络结构，选择最适合的交叉口类型。例如，在高密度交叉口的主干道上，信号控制的交叉口可能更适合；而在低密度区域，环形交叉口可能更具优势。

其次，交叉口的布局直接关系到交叉口的通行能力。规划师需要考虑交叉口的车道设置、车道宽度、弯道半径等因素，确保交叉口布局合理。通过科学的布局设计，可以有效提高交叉口的通行能力，减少排队等待的时间，从而降低交通阻塞的风险。

信号灯的设置也是交叉口管理的重要组成部分。规划师需要合理设置信号灯的时长，确保各方向的通行流畅。在高峰时段，通过调整信号灯的配时，可以更好地满足交叉口不同方向的通行需求，避免交通流的阻塞。

此外，交叉口的人行道设置也需要充分考虑。合理设置人行道可以引导行人的安全通行，减少行人穿越车流的情况，有助于交叉口的通行效率。

在城市规划中，规划师应通过对交叉口类型、布局和信号灯设置等方面的精心设计，优化交叉口管理，提高通行效率，降低交通阻塞的可能性。这需要规划师具备丰富的交叉口管理知识和对城市交通系统的全面认识。

3. 道路等级与交通组织的协调

城市道路的合理划分与规划对于有效的交通组织至关重要。道路等级的设定需要综合考虑城市结构、交通需求和规划目标，以确保交通系统的协调运行和通行效率的提高。规划师在深入研究城市道路等级规划时，需要关注以下几个方面。

首先，主干道和支路的划分是城市道路等级的核心。主干道一般连接城市的不同区域，负责承担大量的交通流量，因此需要更高的通行能力和更顺畅的交通流。支路则更多服务于周边社区，通行能力要求相对较低。规划师需要根据城市的功能区划、人口密度、商业中心位置等因素，科学划定主干道和支路的范围，确保其在整体道路网络中的协调性。

其次，道路等级的划分需要结合城市的交通需求。不同区域和功能区的交通需求存在差异，因此需要根据实际情况对道路等级进行差异化设置。例如，在商业中心区域，主干道可能需要更宽的车道和更灵活的交叉口设置，以适应高密度的车流和步行流。而在住宅区，支路的设置则更侧重于提供便捷的社区内通行。

另外，规划师还应考虑未来城市发展的趋势，以确保道路等级规划的长远性。城市的规模和功能可能随时间发生变化，因此道路等级规划需要具备一定的灵活性，能够适应未来的交通需求和城市结构的变化。

最后，城市道路等级的规划需要与其他交通组织手段协调一致。包括公共交通系统、非机动车道、行人通道等在内的综合交通组织需要与道路等级相互配合，形成完善的城市交通体系。规划师需要在整体规划中考虑各种交通方式的互动关系，以提高城市交通系统的整体效能。

通过深入研究和科学规划城市道路等级，规划师可以更好地指导城市交通系统的建设，提高通行效率，降低交通拥堵，为城市的可持续发展提供有力支持。

4.公共交通与私人车辆的融合设计

在城市道路设计中，实现公共交通与私人车辆的有机融合是一项至关重要的任务。规划师需要深入思考如何在道路规划和设计中充分考虑公共交通工具，以促使市民更多地选择公共交通，减轻道路交通压力。以下是几个关键方面的考虑：

首先，公共交通站点的合理设置是实现公私交通融合的基础。规划师需要确保公共交通站点的位置便利，与道路网络相互连接，使乘客能够方便地进出交通工具。同时，考虑站点的容纳能力，确保在高峰时段也能保持通畅。

其次，道路设计应该充分考虑公共交通线路的通行需求。为公交车辆设置专用车道、设立专用站点和交叉口优先通行等措施，提高公共交通的运行效率。这有助于减少公交车辆在道路上的行驶时间，提升服务水平，从而更具吸引力。

另外，规划师还应该关注非机动车道和行人通道的设置，使其与公共交通线路协调一致。为自行车和步行者提供良好的通行条件，鼓励市民选择更环保、健康的出行方式，减少对私人车辆的依赖。

公共交通站点周边的交通组织也是关键因素。规划师可以通过设计交叉口、人行天桥、人行道等设施，提高站点周边的交通流畅度，减少因交通堵塞而导致的公共交通不便。

此外，推动智能交通系统的应用也是实现公私交通融合的有效途径。通过先进的技术手段，提高交通信号灯的智能化程度，实现交通流的优化调度，减少拥堵，提高公共交通的运行效率。

最后，规划师还应该鼓励多模式出行，即通过设计交叉换乘点，方便市民在不同交通工具之间进行转换，实现出行方式的灵活切换。

通过以上综合考虑，规划师可以在道路设计中有机融合公共交通与私人车辆，为城市创造更为便捷、高效、环保的交通环境。这不仅有助于减缓道路交通压力，还能促进城市可持续发展。

（三）交叉口管理不善

1.交叉口类型选择的合理性

不同类型的交叉口在管理上存在差异。规划师需要研究不同交叉口类型的选择是否合理，以及它们是否满足城市不同区域的交通需求。通过科学的交叉口类型设置，可以提高交叉口的通行效率，降低拥堵风险。

2.交叉口信号灯的优化配置

交叉口信号灯的设置直接影响交通流的顺畅。规划师应对交叉口信号灯的优化配置进行深入研究，结合交通流量的动态变化，实现信号灯的智能化控制，提高交叉口的通过能力。

3.交叉口通行能力的评估与改进

规划师需要运用交叉口通行能力的评估工具，分析城市交叉口的瓶颈位置，以及存在的瓶颈如何影响整体交通流畅。通过精准的评估，规划师可以制定有针对性的改进方案，提高交叉口的通行能力。

（四）公共交通不完善

1.公共交通网络的覆盖范围

不完善的公共交通系统直接影响市民的出行选择。规划师需要全面评估公共交通网络的覆盖范围，确保不同区域都能够便捷地接入公共交通系统，减少私人车辆的使用。

2.公共交通线路的合理设置

规划师应对公共交通线路的设置进行科学合理的规划。通过分析城市的人口分布、商业区、工业区等，制定公共交通线路的合理布局，提高市民的出行便利性。

3.运营效率与服务水平的提升

不仅要关注公共交通的网络覆盖，还需要提升其运营效率和服务水平。规划师应当深入研究公共交通的运营模式，包括车辆调度、站点服务质量、运行频次等方面，以提高公共交通的吸引力，使更多市民选择公共交通而非私人车辆。

4.多模式交通一体化规划

规划师需要思考如何实现多模式交通一体化规划，使不同交通工具（地铁、公交、共享单车等）之间实现衔接和协同。这有助于提高出行的便捷性，减少私人车辆使用的需求。

5.公共交通信息化技术的应用

现代信息技术为公共交通提供了新的发展机遇。规划师可以提出引入实时导航系统、智能手机应用等信息化技术，提高公共交通系统的智能化水平，让市民更方便地获取实时的公共交通信息，提高其使用率。

（五）环境因素

1.交通拥堵对经济活动的影响

交通拥堵不仅是对个体出行的影响，还对城市的整体经济活动产生重要影响。规划师需要深入地进行经济效益分析，评估交通拥堵对商业、物流和服务行业的制约效应，为城市的宏观经济规划提供参考。

2.排放增加对空气质量的影响

交通拥堵导致车辆停滞不前，增加了尾气排放，对城市空气质量产生负面影响。规划师需要通过空气质量监测和模型分析，量化交通拥堵对空气污染的影响，为环境治理提供科学依据。

3.通勤时间增加与生活质量

长时间的通勤对市民的生活质量产生直接影响。规划师应当深入了解交通拥堵对通勤时间的延长情况，以及这种延长如何与市民的生活习惯和工作效率相互作用，为提高居民生活质量提出建议。

4.城市交通拥堵与社会安全

长时间的交通拥堵不仅增加了交通事故的风险，还对城市的社会安全产生潜在威胁。规划师需要分析拥堵对交通安全的影响，提出相应的预防和治理策略，确保城市交通安全稳定。

二、交通问题的空间分布特征

（一）公共交通的重要性和优势

1.缓解城市交通拥堵的关键手段

公共交通在城市交通系统中扮演着关键的角色，是缓解交通拥堵的重要手段之一。规划师首先需要深刻认识城市交通拥堵对经济和环境的负面影响，而公共交通系统的建设能够通过减少私人车辆数量、提高通勤效率，有效缓解城市交通拥堵问题。

2.降低环境排放，促进可持续发展

相较于私人交通工具，公共交通具有更高的运载效率，能够降低交通运输对环境的不良影响。规划师应当认识到公共交通系统的建设有助于减少尾气排放、改善空气质量，从而推动城市朝着更加可持续的方向发展。

3.提升城市交通效率

公共交通系统能够提高城市交通的整体效率。通过科学合理的运营计划和线路设计，规划师可以确保公共交通的覆盖面广、服务质量高，从而促进市民更多地选择公共交通工具，提升城市交通系统整体效能。

4.促进社会公平与可及性

公共交通的建设有助于提高城市居民的出行便利性，尤其是那些无法拥有私人交通工具的群体。规划师需要关注公共交通的社会公平性，确保不同社会群体都能够受益于公共交通系统的建设，促进城市可及性的提升。

（二）公共交通网络的设计与优化

1.科学合理的公共交通线路规划

规划师在进行公共交通系统规划时，应采用科学合理的方法进行线路规划。这包括对城市人口分布、主要出行需求和交通需求的深入分析，以确定最优的公共交通线路布局，确保线路的贯通性和覆盖面。

2. 站点布局的精准定位

公共交通站点的布局对整个系统的运营效率至关重要。规划师应通过空间分析工具，考虑城市主要交叉口、商业区、住宅区等因素，合理定位站点位置，确保站点的合理分布，提高市民出行的便利性。

3. 换乘枢纽的合理设置

换乘枢纽在公共交通系统中承担着重要的角色，关系到不同线路的衔接与转换。规划师需要通过换乘流量分析，合理设置换乘枢纽，提高公共交通的换乘效率，使市民更加愿意选择公共交通出行。

4. 综合考虑多种交通模式

公共交通网络的设计应综合考虑多种交通模式，包括地铁、公交、有轨电车等。规划师需要通过综合交通模式的规划，确保不同模式之间的衔接，形成高效便捷的综合交通网络，满足市民多样化的出行需求。

5. 信息化技术的应用

现代信息技术对公共交通系统的规划与建设提供了新的可能性。规划师应当充分利用智能化、信息化技术，引入实时导航系统、乘车信息查询平台等，提高公共交通系统的智能性。通过信息化技术，可以更好地满足市民对实时信息的需求，提升公共交通的用户体验，促进系统更加高效运营。

第二节 公共交通系统规划与建设

一、公共交通的重要性和优势

（一）缓解城市交通拥堵的关键手段

1. 私人车辆增长导致的交通拥堵

城市交通拥堵的主要原因之一是私人车辆的迅速增加。规划师需要深入研究城市交通体系中私人车辆增长的背后因素，如经济发展、人口增长和城市扩张。这样的分析有助于理解交通拥堵的根本原因，为制定针对性解决方案提供基础。

2. 私人车辆增长对城市交通的影响

私人车辆的迅速增加直接导致了道路交通拥堵的加剧。规划师需要深刻认识到私人车辆的过度使用对城市交通系统造成的压力，从而明确公共交通作为缓解这一问题的关键手段的重要性。

3. 推动公共交通规划和建设的紧迫性

在私人车辆不断增加的背景下，规划师应当强调推动公共交通规划和建设的紧迫性。通过加强公共交通系统，可以更有效地满足城市居民的出行需求，减轻道路拥堵，提高整体交通效率。

4. 私人车辆增长背后的社会经济因素

规划师还需深入研究私人车辆增长背后的社会经济因素，如收入水平的提高、城市居民生活方式的改变等。这样的研究有助于更全面地了解私人车辆增长的动态过程，为未来的规划提供更为精准的参考。

5. 制定私人车辆增长的调控策略

基于对私人车辆增长背后因素的深入了解，规划师需要制定相应的私人车辆增长调控策略。这可能包括限制车辆数量、推动共享出行方式、提高交通拥堵收费等手段，以引导城市居民更理性地选择出行方式。

（二）降低排放，促进环境可持续发展

1. 私人车辆排放对环境的影响

私人车辆的大量使用导致了尾气排放的增加，对城市空气质量和环境产生负面影响。规划师需要深刻认识到私人车辆排放问题的紧迫性，以及其对气候变化和生态系统的威胁。

2. 公共交通作为低碳出行方式的优势

通过推动公共交通，规划师可以强调其作为低碳出行方式的优势。相较于私人车辆，公共交通工具在单位运载量下的碳排放更低，选择公共交通，是减缓气候变化、改善空气质量的有效途径。

3. 公共交通的环保潜力

规划师应当深入研究公共交通系统的环保潜力，包括推广电动公交、使用清洁燃料等技术手段。通过引入环保技术，可以显著降低公共交通工具的排放水平，为城市的环境可持续发展贡献力量。

4. 倡导绿色出行理念

在规划和设计公共交通系统时，规划师需要倡导绿色出行理念。通过宣传教育，引导市民选择环保、可持续的出行方式，从而培养更为环保的出行习惯。

5. 强调公共交通与环境可持续发展的契合度

规划师在向决策者和社会大众传达信息时，需要强调公共交通与环境可持续发展的契合度。公共交通的规划和建设不仅是解决交通问题，更是推动城市走向绿色、低碳的重要举措。通过公共交通系统的改进和升级，城市可以逐步减少对化石燃料的依赖，实现可持续发展的目标。

（三）提升城市交通效率

1. 科学规划公共交通线路

为提升城市整体交通效率，规划师应深入研究城市出行特征，科学规划公共交通线路。合理的线路设计要充分考虑市民的通勤需求，确保公共交通覆盖面广泛，能够服务到不同功能区域。

2.合理布局公共交通站点

规划师需要根据城市的发展规划和人口密集区域，合理布局公共交通站点。站点的位置应能够覆盖到主要居住区、商业区、工业区等不同区域，以确保市民能够方便、快捷地搭乘公共交通工具。

3.确定换乘枢纽位置

为了提高公共交通的运行效率，规划师需要确定合适的换乘枢纽位置。这些位置应考虑到不同交通工具的衔接，使得市民在换乘时能够流畅、快速地切换交通工具，提高整体出行效率。

4.应用智能化技术

规划师可以考虑引入智能化技术，如实时信息系统、电子支付系统等。这些技术的应用可以为乘客提供准确的线路信息、车辆实时位置等，提升公共交通的可感知性和可靠性，使市民更愿意选择公共交通。

5.可持续发展的运营策略

为确保公共交通系统长期稳定地为城市居民提供服务，规划师需要制定可持续发展的运营策略。这包括合理控制运营成本、提高服务质量、推动环保技术的应用等方面，以保证公共交通系统的健康发展。

6.优化用户体验

公共交通系统的成功与否直接关系到市民的体验。规划师应通过改善车辆舒适度、优化站点设计、提高服务水平等手段，不断优化用户体验，提升市民对公共交通的满意度，进而增加其使用的积极性。

7.与其他交通方式的衔接

规划师还需要考虑公共交通系统与其他交通方式的衔接问题。通过与自行车、步行、共享出行等方式的紧密连接，形成综合的出行解决方案，更好地满足市民多样化的出行需求。

（四）促进社会公平与可及性

1.公共交通服务社会各阶层

规划师需要在公共交通规划中注重社会公平，确保不同社会群体都能够享受到公共交通的便利。特别是对于无法拥有私人车辆的群体，如低收入者、老年人、残疾人等，需要提供更多的服务和便捷的出行选择。

2.票价合理与社会福利

规划师在设计票价时应考虑到社会福利和可及性。合理的票价设置可以保证公共交通系统的财务健康，同时也要注意制定优惠政策，确保低收入群体也能够负担得起公共交通的费用。

3.关注交通服务覆盖面

规划师需要关注公共交通服务的覆盖面，确保不同社区、区域都能够受益于公共交通系统的建设，避免出现服务不均衡的情况。这有助于提高城市的整体可及性。

4.特殊群体的出行需求

对于老年人、残疾人等特殊群体，规划师需要特别关注其出行需求。在公共交通规划中考虑到无障碍设施、座位设计等，以确保这些群体能够方便、安全地使用公共交通。

5.强调公共交通的社会价值

规划师可以通过宣传教育强调公共交通的社会价值。公共交通不仅是一种交通工具，更是连接城市各个社区的纽带，有助于促进社会平等和可持续发展。

二、公共交通网络的设计与优化

（一）科学设计公共交通线路

1.深入研究城市出行特征

规划师首先应该深入研究城市的出行特征，包括高峰时段的流量分布、不同区域的人口密度、主要出行目的地等。通过对这些特征的科学分析，可以为公共交通线路的设计提供准确的数据支持，确保线路贴合城市实际需求。

2.人口分布与线路设计的关系

人口密集区域通常是公共交通的热点，规划师需要深入了解这些区域的居民出行需求。科学合理地设计线路，使其覆盖人口密集的区域，提高公共交通的服务水平，吸引更多市民选择乘坐。

3.考虑不同出行需求

城市居民的出行需求多种多样，包括上下班、购物、娱乐等。规划师在设计线路时要全面考虑这些不同的出行需求，确保公共交通系统能够满足市民的多样化出行目的。

4.兼顾运营效益

科学设计公共交通线路不仅要满足市民的出行需求，还要考虑运营效益。规划师需要综合考虑线路的长度、运营成本、人流集中度等因素，确保线路既能够提供优质服务，又能够在经济上可行。

5.引入预测技术支持

规划师可以考虑引入预测技术，通过数据分析和模型预测，预测不同时间段、不同区域的出行需求。这有助于在设计阶段更好地预判未来的交通情况，使线路更具前瞻性和适应性。

（二）站点布局的合理性

1.根据功能区域合理布局站点

站点的合理布局是公共交通系统的关键因素之一。规划师需要根据城市的功能区域，如住宅区、商业区、工业区等，合理设置站点，使得市民能够方便、快捷地抵达他们想要去的地方。

2.考虑站点的互通性

站点之间的互通性对于提高公共交通系统的效率至关重要。规划师应当考虑到不同线路之间站点的衔接，确保换乘的顺畅性，使市民能够快速、方便地进行换乘。

3.结合交叉口和换乘枢纽

站点布局还应与城市的交叉口和换乘枢纽相结合。规划师需要考虑站点位置与交叉口的关系，以便更好地协调不同交通方式的衔接，提高站点的交通便捷性。

4.引入现代设计理念

站点布局的设计也应引入现代城市设计理念，例如考虑到人行道的设置、无障碍设施的建设等，以提高站点的可访问性和人性化。

5.关注站点周边环境影响

规划师在站点布局时要综合考虑站点周边的环境因素，如居民区的噪声、商业区的人流等。站点的位置应能够最大限度地减少对周边环境的不良影响，提升居民的出行体验。

（三）换乘枢纽位置的确定

1.分析不同交通工具的衔接需求

规划师在确定换乘枢纽位置时，需要深入分析不同交通工具的衔接需求。例如，地铁与公交、有轨电车与自行车等，不同交通方式之间的衔接需求有所不同。了解这些需求可以帮助规划师确定更为有效的换乘枢纽位置。

2.考虑城市主要交通流向

换乘枢纽的位置应当与城市主要的交通流向相协调。规划师需要通过交通流量分析和城市规划图，确定最为合适的换乘枢纽位置，使其能够服务到城市的主要交通流线，提高其交通枢纽的战略地位。

3.综合考虑周边设施和服务

规划师在确定换乘枢纽位置时，需要综合考虑周边设施和服务，包括商业区、文化设施、医疗服务等。一个好的换乘枢纽位置不仅能够提供便捷的交通衔接，还应当为市民提供多元化的服务和便利。

4.借鉴国际经验与先进技术

规划师可以借鉴国际经验，学习其他城市成功的换乘枢纽案例。同时，应关注先进的技术手段，如大数据分析、智能交通系统，以提高对换乘需求的精准把控和服务水平的不断提升。

5.与城市规划整体融为一体

换乘枢纽的位置应当与城市整体规划融为一体。规划师需要与城市规划者密切合作，确保换乘枢纽的布局与城市未来的发展方向和规模相匹配，形成协同发展的局面。

（四）智能化技术的应用

1.实时信息系统的建设

规划师应推动实时信息系统在公共交通中的广泛应用。通过在站点和车辆上安装 GPS

设备，可以实时监测车辆位置，向乘客提供准确的到站信息，帮助市民更好地安排出行计划。

2.电子支付系统的推广

引入电子支付系统是提升公共交通服务水平的有效途径。规划师可以与支付机构合作，推动电子支付系统在公共交通中的推广，提供便捷、安全的支付方式，提高市民使用公共交通的便利性。

3.智能调度系统的运用

智能调度系统可以通过大数据分析，预测不同时间段和区域的乘客流量，实现公共交通线路的智能调整。规划师需要考虑引入智能调度系统，以优化公共交通线路的运行效率，提高服务质量。

4.电子票务系统的便捷性

规划师可以推动电子票务系统的建设，使市民可以通过手机或卡片进行支付。这样的系统不仅提高了乘车的便捷性，还有助于减少纸质票卡的使用，降低运营成本，实现绿色出行理念。

5.大数据分析优化线路设计

通过大数据分析市民出行的习惯和需求，规划师可以优化线路的设计。这包括合理调整站点设置，优化发车间隔，提高线路的负载率和运行效率，更好地满足市民的出行需求。

第三节　智慧交通与出行方式优化

一、智慧交通技术的应用

（一）智能交通信号灯的引入

1.感知技术的应用

引入先进的感知技术，如摄像头、雷达等，对城市交通系统进行实时监测，特别是在交叉口这一关键位置。这些感知技术能够准确地捕捉到交叉口的交通流量以及车辆的状态，为智能交通信号灯的智能调整提供了坚实的数据基础。

通过在交叉口安装摄像头，系统可以实时获取交叉口的图像信息，并通过图像识别技术精准地识别道路上的车辆、行人等各种交通参与者。同时，雷达技术可以提供关于车辆速度、位置等更为精确的数据。这种综合运用感知技术的方式使得交叉口的数据采集更加全面和准确。

这些实时获取的数据不仅包括了交通流量的数量，还能够反映车流的密度、行驶方向等关键信息。基于这些数据，智能交通信号灯系统能够进行智能调整，根据实际情况合理地调整信号灯的变化周期。例如，在高峰期，系统可以缩短绿灯时间以提高交叉口的通过能力；而在低峰期，系统则可以延长绿灯时间，减少等待时间，从而优化整体交通流畅度。

这一感知技术的应用使得交叉口的交通信号控制更加智能化，适应性更强。而这种实时监测和调整的方式，相比传统的固定时序信号灯系统，能够更有效地缓解交通拥堵，提高道路通行效率。这为城市交通管理提供了一种创新的手段，使得交叉口的交通流动更加安全、顺畅。

2. 智能调整信号灯的变化周期

智能交通信号灯系统具有灵活性和智能性，能够利用感知到的实时数据，根据交叉口的实际情况进行精准的信号灯变化周期调整。这种智能调整周期的机制是基于对交叉口瞬时交通流量、密度和车辆行驶状态等多方面信息的综合分析。

在城市的高峰期，交叉口往往承受着大量的车流压力。通过实时监测车辆密度和道路拥堵情况，智能交通信号灯系统能够迅速做出反应，缩短绿灯时间，增加红灯时间，以提高交叉口的通过能力。这种策略能够有效减少交叉口的阻塞，避免交通流过度拥堵，提高整体交通效率。

相反，在交叉口车流较为稀少的低峰期，系统可以根据实时数据延长绿灯时间，减少等待时间，提升车辆通过的速度。这有助于优化交叉口的运行，降低过度等待造成的交通阻塞。通过智能调整信号灯的变化周期，系统实现了对不同时间段、不同交叉口状况的差异化管理，最大限度地提高了交叉口的通行效率。

这一智能调整机制的实施依赖于感知技术对交叉口状况的准确监测和数据分析。因此，通过科学合理的调整，智能交通信号灯系统能够更好地适应城市交通的动态变化，为市民提供更加顺畅、高效的道路出行体验。这也为城市交通管理提供了一种创新的手段，使得交叉口的交通流动更加智能、灵活。

3. 缓解交通拥堵

在缓解城市交通拥堵的复杂任务中，智能调整信号灯系统成为规划师的重要工具。通过这一系统的巧妙运用，规划师能够有针对性地应对不同交叉口的交通流量，从而有效减少交叉口的等待时间，实现道路通行能力的提升。这种智能交通信号灯系统的应用不仅在技术上创新，更在城市居民的出行体验上产生深远的影响。

首先，通过实时感知交叉口的车流状况和密度，智能调整信号灯系统可以精准而迅速地做出响应。这使得系统能够根据实际情况，灵活地调整绿灯时间，特别是在交通高峰期，可以有效缩短绿灯时间，迅速疏导交叉口的车流，减少交叉口阻塞的概率。相反，在交通相对较稀疏的时候，系统则可以延长绿灯时间，提高交叉口的通行效率。这一巧妙的调度机制有力地缓解了交通拥堵带来的困扰。

其次，这种智能交通信号灯系统的实施不仅在技术水平上提高了交叉口的运行效率，同时也直接改善了驾驶者的出行体验。通过减少交叉口的等待时间，驾驶者可以更为顺畅地穿越交叉口，不再受制于拥堵导致的停滞。这不仅提高了个体出行的效率，也为城市居民创造了更加宜居、便捷的出行环境。这种出行体验的改善也间接地促使市民更加倾向于选择公共交通等绿色出行方式，从而为整体交通系统的可持续发展创造了良好的氛围。

通过智能调整信号灯系统，规划师不仅在技术领域展现了城市管理的智能化水平，同时也在提高城市居民的出行体验、促使绿色出行的选择上取得了显著的成就。这一系统的广泛推广将为城市交通治理提供重要支持，为构建更加便捷、宜居的城市交通环境奠定坚实基础。

（二）交通流数据分析的运用

1.大数据技术的支持

大数据技术的应用为规划师提供了强有力的支持，尤其在城市交通治理中，其收集、整合和分析交通流数据的能力为规划师提供了更全面的城市交通运行状况认知。这种技术的巧妙运用有望为城市交通系统的优化提供科学的决策依据。

首先，大数据技术能够实现对交通流数据的全面收集。通过在城市不同地点设置传感器、摄像头等设备，大数据系统能够实时、精准地捕捉车流量、拥堵情况、平均车速等关键信息。这使得规划师可以获得更为细致入微的数据，从而更好地了解城市交通系统的运行状况。

其次，大数据技术的优势在于对庞大数据集的高效处理和分析。规划师可以通过利用先进的数据分析工具，深入挖掘交通流数据中的规律和趋势。这种数据驱动的方法使规划师能够更准确地把握城市交通的特点，识别瓶颈区域和高峰时段，为交通系统的规划和优化提供有力支持。

此外，大数据技术的应用也使得规划师能够进行更为精准的预测。通过对历史交通数据和实时数据的整合分析，规划师可以制定更为科学合理的交通规划。这包括预测未来交通流量的变化趋势、瓶颈区域的可能位置等方面，为制定长远的城市交通规划提供可靠依据。

2.交通流规律的识别

通过运用先进的数据分析工具，规划师得以深入识别城市交通流的规律，从而更好地了解高峰期和低峰期的交通状况。这一深入的数据分析过程为规划师提供了科学依据，有助于制定更有效的交通优化策略。

首先，数据分析工具可以帮助规划师准确识别高峰期和低峰期。通过对大量的交通流数据进行时序分析，规划师能够确定一天中交通负荷最高的时段，揭示城市交通流的周期性规律。这有助于更有针对性地采取措施，例如在高峰期增加公共交通运力，以缓解交通压力。

其次，数据分析工具还能够精准地找出交通瓶颈和拥堵点。通过对交叉口、道路段等关键位置的数据进行深入分析，规划师可以识别出交通流受阻的区域。这有助于规划师更有针对性地进行交通基础设施的改善，优化交叉口设置、道路宽度等，提高交通流畅度。

此外，数据分析还能够帮助规划师理解交通流的动态变化。通过对不同时间段内的数据进行比对和分析，规划师可以识别出交通流量的季节性、周边事件引发的交通波动等规律。这使规划师能够更加全面地认知城市交通系统的运行情况，为规划和决策提供更为科学的依据。

综合而言，通过数据分析工具对交通流数据的深入挖掘，规划师能够更全面、深入地理解城市交通的运行规律。这种深度认知为规划师提供了科学依据，使其能够更加有针对性地制定交通规划和优化策略，为城市交通系统的可持续发展提供更为有效的支持。

3. 优化交通系统设计

通过对交通流数据的深入分析，规划师可以有针对性地优化交通系统的设计，从而提高整体运行效率，降低拥堵程度。

首先，基于数据分析的结果，规划师可以优化道路规划。了解交通流的规律和瓶颈点后，规划师能够科学合理地规划道路网，包括增设或拓宽瓶颈路段，调整交叉口设置，提高整体道路通行能力。这种优化能够有效减少拥堵点，提高车辆的通行效率。

其次，规划师可以根据数据分析结果调整信号灯设置。通过深入了解交叉口的交通流量和高峰期情况，规划师能够合理设置信号灯的变化周期，以适应不同时间段的交通需求。这样的智能调整能够减少等待时间，提高交叉口的通过能力，从而降低拥堵发生的可能性。

此外，规划师还可以借助数据分析的结果优化公共交通线路。通过了解市民出行的需求和习惯，规划师能够合理规划公交线路，确保覆盖主要居住区、商业区和工业区，提高公共交通的服务水平，引导更多市民选择公共交通，减少私人车辆数量，缓解交通拥堵问题。

最后，规划师可以考虑推广智慧停车系统。通过数据分析，规划师能够确定停车需求集中的区域，并在这些区域推广智能停车系统，提高停车位的利用率，减少因寻找停车位而导致的交通阻塞。

（三）智能停车系统的建设

1. 无人值守停车场

推动建设无人值守停车场是一项有效的交通管理策略。通过引入自动化设备，如自动取票机和车牌识别系统，以提高停车场的停车效率。规划师在城市交通规划中可以制定相关政策，积极支持无人值守停车场的建设，以实现多方面的利益，包括减少人工管理成本和提高停车位利用率。

首先，无人值守停车场的建设可以通过自动化设备减少人工管理成本。自动取票机和车牌识别系统能够替代传统的人工取票和人工巡检，提高停车场的运行效率，减少了人力资源的需求。这不仅降低了停车场的管理成本，还提高了整体管理的精准度和可靠性。

其次，无人值守停车场通过自动化系统可以提高停车位的利用率。通过车牌识别系统，车辆可以更迅速、准确地进入和退出停车场，避免了由于人工操作而导致的延误。这种高效的管理系统可以最大程度地利用停车位，减少因等待和寻找车位而引起的交通拥堵，优化整体城市交通流。

另外，规划师可以通过政策支持，鼓励和引导停车场的业主和管理者采用先进的自动化停车设备。这可能包括财政激励、减免相关费用或者提供技术支持，以推动停车场的现代化升级。这样的政策支持将在促使更多停车场实现无人值守的过程中发挥重要作用。

综合而言，推动建设无人值守停车场是一项有利于城市交通管理和提升交通效率的措施。规划师可以通过制定相关政策，积极推动这一发展趋势，以实现更加智能、高效的城市交通系统。

2. 智能导航系统的整合

将智能导航系统整合到停车系统中，为驾驶者提供实时的停车位信息和导航服务，是一项创新型而实用的交通管理措施。这种整合不仅可以有效减少驾驶者在城市中寻找停车位的时间，还有助于减轻周边道路的交通压力，提升城市交通系统的整体效率。

智能导航系统的整合意味着驾驶者在行车过程中可以实时获取停车位信息，包括可用停车位数量、位置和停车费用等。这些信息通过导航系统直观地呈现在驾驶者的车辆信息屏幕上，使其能够快速准确地找到可用停车位，避免在城市中浪费时间寻找合适的停车场。这样的实时导航服务不仅提高了驾驶者的出行体验，也有效缓解了城市常见的停车难题。

整合智能导航系统还有助于降低周边道路的交通压力。驾驶者通过快速找到合适的停车位，避免了在寻找停车位过程中的反复绕行，从而减少了交叉口的等待时间和道路拥堵的可能性。这对于改善周边道路的交通流畅度和减少城市交通拥堵具有积极的影响。

此外，整合后的智能导航系统可以通过实时更新停车位信息，帮助规划师更好地了解城市停车需求和停车场利用率。通过收集大量停车位数据，规划师可以进行深入分析，制定更科学合理的停车政策和布局，进一步提升城市停车系统的效率和可持续性。

在未来城市交通规划中，规划师可以考虑将智能导航系统的整合作为一项关键措施，以促进城市交通系统的智能化和高效性发展。这一整合将为城市居民提供更加便捷的出行方式，同时为城市交通管理带来更多的数据支持和决策依据。

3. 实时停车位信息的提供

在现代城市交通管理中，规划师应当积极推动智能停车系统提供实时停车位信息，通过多种渠道，如手机应用等，向驾驶者传递准确的停车位信息。这种举措的实施将为驾驶者提供及时的停车信息，从而有效降低在城市中寻找停车位带来的交通阻塞问题，为城市交通流畅度和停车效率提供可行的解决方案。

实时停车位信息的提供可以通过智能停车系统实现。通过该系统，每个停车位都配备了传感器或设备，能够实时监测停车位的占用情况。这些数据将被整合到智能系统中，通过手机应用等渠道向驾驶者展示当前可用的停车位信息。这不仅提高了驾驶者在城市中寻找停车位时的效率，也降低了他们的焦虑感，为城市交通带来积极的影响。

此外，规划师应当鼓励停车场经营者与智能停车系统提供商合作，共同推动实时停车位信息的提供。这种合作可以通过政策支持、技术培训等方式进行，以确保停车场设备的更新和维护，提高实时停车位信息的准确性和可靠性。通过市场和政府的共同努力，可以逐步建立一个覆盖城市各区域的智能停车系统，为广大驾驶者提供更便捷的停车服务。

实时停车位信息的提供不仅是交通管理的一项创新，也是智能城市建设的一部分。通过提高停车效率，有望缓解城市交通拥堵问题，提升居民出行的便捷性。规划师在推动实时停车位信息的提供过程中，还应关注数据隐私和信息安全等问题，确保系统的可持续、安全、可靠运行。

（四）智能交通管理平台的搭建

1. 数据和信息的集成

在现代城市交通规划中，规划师的一项重要任务是搭建智能交通管理平台，实现对各类交通数据和信息的集成。通过整合来自交通信号灯、停车场、公共交通等多个方面的数据，形成全面而综合的城市交通数据平台。这一平台的建设，将为更高效、科学的城市交通管理提供基础支持，为规划师制定精准的交通管理策略提供科学依据。

首先，智能交通管理平台的建设需要整合不同来源的数据，包括交通信号灯的实时状态、停车场的停车位占用情况、公共交通工具的运行信息等。通过将这些异构数据进行整合，规划师可以获得全方位、多层次的城市交通数据，更好地了解城市交通系统的运行状况。

其次，这一集成平台的设计应考虑到数据的实时性和准确性。通过引入先进的传感技术、物联网设备等，规划师可以实现对实时数据的监测和收集。这有助于及时发现交通拥堵、事故等异常情况，为交通管理部门提供迅速而准确的决策依据。

此外，智能交通管理平台还应支持数据的多层次分析和可视化呈现。通过数据分析工具，规划师可以深入挖掘交通数据的潜在规律，找出瓶颈和问题所在。同时，采用可视化的方式呈现数据，可以使复杂的交通信息更易于理解，有助于规划师更直观地进行交通管理决策。

最后，智能交通平台的建设需要与城市其他信息系统进行有机整合，实现信息的互通共享。如果智能交通平台与城市规划、环境监测等系统有机融合，有助于形成更为综合和智能的城市管理体系，提升城市整体治理水平。

综合而言，智能交通管理平台的建设是规划师在应对城市交通挑战时的重要举措。通过数据和信息的集成，规划师可以更全面、科学地了解城市交通状况，为制定高效的交通管理策略提供有力支持。

2. 实时监控城市交通

通过建设智能交通管理平台，规划师可以实现对城市交通的实时监控，全面洞察各个交通节点的状态，从而更灵活、科学地应对交通挑战。这一平台利用先进的技术手段，如传感器、监控摄像头等，收集并处理大量实时交通数据，是规划师深入了解城市交通状况的强大工具。

首先，智能交通管理平台通过实时监控城市的道路流量情况，可以及时捕捉到交通拥堵的发生。规划师可以通过这些数据精准地确定交通拥堵点的位置、程度和持续时间，从而有针对性地采取交通疏导、调度等管理措施。这种及时响应的能力对于提高交通流畅度、减少拥堵具有积极的意义。

其次，平台还能监测交叉口的拥堵情况。通过实时获取交叉口的交通流量、车辆行驶速度等信息，规划师可以精准地评估交叉口的通行能力和瓶颈位置。基于这些信息，规划师可以优化信号灯控制，调整车道设置，提高交叉口的通行效率，降低交通阻塞的概率。

另外，智能交通管理平台还可以监控交通事故的发生和处理情况。通过实时获取事故地点、类型、影响范围等数据，规划师可以快速响应，实施交通疏导，减少事故对交通系统的负面影响。这有助于提高城市交通的安全性和稳定性。

总体而言，通过实时监控城市交通，智能交通管理平台为规划师提供了数据支持和决策参考，使其能够更加精准地制定交通管理策略，提高城市交通系统的整体效能。这种科技手段的应用有助于实现城市交通的智能化和精细化管理。

3. 智能调度和协同

建设智能交通管理平台有助于实现不同交通系统之间的协同。规划师可以通过平台实现公共交通、道路管理、停车场等多个系统的智能调度，以提高整体交通系统的运行效率。

4. 突发事件应急响应

智能交通管理平台的建设为实现不同交通系统之间的协同提供了有效手段，规划师通过该平台可以实现公共交通、道路管理、停车场等多个系统的智能调度，从而全面提升城市交通系统的运行效率。

首先，智能交通管理平台可以实现公共交通系统的智能调度。通过实时监控公交车辆的位置、乘客数量等信息，规划师可以利用智能算法进行车辆调度，合理分配公交资源，提高运输效率。这种精细化的调度能够更好地满足市民的出行需求，缓解高峰期的运力压力，提升公共交通的服务水平。

其次，平台可以与道路管理系统协同工作。规划师可以通过实时交通数据的分析，预测交通拥堵点和高峰期，进而调整信号灯控制、道路限行等策略，优化道路通行流畅度。这种协同作业有助于实现交通信号灯与交叉口优化、道路规划之间的无缝衔接，最大程度地降低拥堵程度。

另外，智能交通管理平台还能与停车系统协同，通过实时监测停车位的使用情况，提供准确的停车位信息，引导驾驶者快速找到可用停车位。这种协同作业可以减少驾驶者在城市中寻找停车位的时间，缓解因寻找停车位而引发的交通拥堵。

总体而言，智能交通管理平台的建设使得不同交通系统之间能够协同工作，通过实时数据的共享和智能算法的应用，提高了整体交通系统的运行效率。这种协同机制有助于实现城市交通的智能调度和精细化管理，为市民提供更便捷、高效的出行体验。

二、出行方式优化策略

（一）鼓励步行和骑行

1.基础设施建设与步行骑行环境优化

规划师应通过合理的城市规划和基础设施建设，划定并设立人行道、自行车道等区域，以提供安全、便捷的步行和骑行通道。此外，规划师可设计城市中的步行街区，创造更为宜人的步行环境，激发市民步行和骑行的兴趣。[4]

2.步行街区的规划与设计

规划师应当注重步行街区的规划与设计，包括设置休憩区、景观绿化、文化设施等，使步行成为一种愉悦的城市体验。通过提供具有吸引力的步行环境，可以鼓励市民更多选择步行作为出行方式，从而减少对机动车的依赖。

3.自行车共享系统的建设

规划师可推动自行车共享系统的建设，通过设置合理的自行车停车点、引入先进的智能锁技术等手段，使共享单车成为市民短途出行的便捷工具。这种共享系统不仅能够提供更多出行选择，还有助于解决最后一公里的交通问题。

（二）共享单车和电动滑板车的推广

1.共享出行工具的布局与管理

规划师应与共享单车平台合作，制定合理的共享出行工具布局方案，确保在城市各区域都能够方便地找到共享单车和电动滑板车。同时，要建立健全共享出行工具的管理制度，防止乱停乱放等问题，确保共享出行工具的有效利用。

2.停车点设置与便利性提升

规划师可以通过设置共享出行工具的停车点，集中管理和规范停放位置，减少城市乱停问题。为提升便利性，规划师还可以结合智能技术，通过手机 App 等平台提供实时共享工具位置、导航等信息，提高市民使用的便捷性。

3.低碳出行意识的培养

规划师可通过宣传教育、社会活动等手段，培养市民的低碳出行意识，使他们更愿意选择共享单车和电动滑板车等环保出行方式。这种宣传不仅有助于降低交通拥堵，还能促使城市向更为可持续的发展方向转变。

（三）发展公共交通系统

1.线路优化与服务水平提升

规划师应通过科学规划和不断优化公共交通线路，确保覆盖城市的主要区域，提供便捷的公共交通服务。优化线路设计、提高公共交通服务水平，可以吸引更多市民选择公共交通，从而减少私人车辆的使用。

2. 智能支付系统的引入

规划师可以推动智能支付系统在公共交通中的应用，通过电子票务、刷卡支付等方式简化支付流程，提高支付效率。这不仅方便了市民乘坐公共交通工具，还提高了公共交通系统的整体运行效率。

3. 推动公共交通与其他出行方式的衔接

规划师应促进不同出行方式的有机衔接，例如与共享单车、步行街区等出行方式的衔接。通过建设交通枢纽、设置交叉换乘站点等手段，规划师可以优化城市出行网络，提高不同出行方式的衔接性，使市民更愿意选择公共交通。

（四）鼓励远程办公和弹性工作制度

1. 基础设施建设与远程办公支持

规划师可以通过建设远程办公基地、提供高效的网络服务等方式，支持企业实施远程办公制度。同时，鼓励企业建设舒适、便利的办公环境，为员工提供更好的远程办公条件。

2. 政策支持与激励措施

规划师应与政府合作，制定支持远程办公的政策，包括税收激励、用地政策等，以降低企业实施远程办公的成本。通过政策激励，可以推动更多的企业采纳远程办公制度，减少员工上下班对交通系统的冲击。

3. 弹性工作时间的推广

规划师可提倡和推广弹性工作时间，使员工可以根据个人的生活和工作需要选择更加灵活的工作时间安排。通过设定弹性工作时间，可以避免上下班高峰期的集中，减轻交通拥堵压力，提高城市出行效率。

4. 共享办公空间的建设

规划师可推动共享办公空间的建设，为那些不适合完全远程办公的企业和员工提供一个灵活的工作环境。共享办公空间的建设既可以提高办公效率，又能够减少员工上班的频率，从而减缓交通压力。

（五）制定差异化交通政策

1. 交通拥堵收费的引入

规划师可以制定差异化的交通政策，通过引入交通拥堵收费机制，鼓励市民在高峰期选择其他出行方式或错峰出行。这种政策既可以有效缓解高峰期的交通压力，又能为城市的交通管理提供资金支持。

2. 限行政策的实施

规划师可制定差异化的限行政策，根据车辆尾气排放标准和出行需求等因素，对某些区域或时间段内的特定车辆进行限制。通过限制高排放车辆或者实施区域性的交通管理，可以改善空气质量，促使市民更多选择环保的出行方式。

3. 绿色出行奖励政策

规划师可以推动绿色出行奖励政策，通过给予选择环保出行方式的市民奖励，如积分、优惠券等，激发市民的绿色出行意识。这种政策既可以引导出行方式的优化，又能够增加市民对环保出行方式的认同感。

4. 建立交通管理信息平台

规划师可以建立全面的交通管理信息平台，通过实时数据监测和分析，为政府提供科学决策依据。这个平台可以整合公共交通信息、道路状况、车辆流量等数据，为制定和优化交通政策提供科学依据。

第五章　城市公共设施与服务设施规划

第一节　公共设施空间布局与供给

一、公共设施的分类与功能定位

在城市规划中，科学合理的分类和确定公共设施的功能定位至关重要，这直接关系到城市居民的生活质量和城市的可持续发展。

（一）教育设施的分类与功能定位

在城市规划中，教育设施的分类与功能定位至关重要，直接关系到城市居民的教育水平和未来的发展潜力。

1. 学校布局与规划

（1）学龄人口分布的考量

规划师在学校布局时，首先需要全面了解城市各区域学龄人口的分布情况。通过人口普查和预测，可以科学确定不同地区学生的数量，为学校的规划提供数据支持。

（2）未来教育需求的预测

针对未来的教育需求，规划师应考虑城市的发展方向和教育政策的变化。例如，如果城市将发展为科技产业中心，可能需要增加与科技相关的学科特色学校，以满足未来产业的人才需求。

（3）学科特色与校园设施的配置

在学校的具体规划中，需要考虑不同学校的学科特色，如艺术、体育、科技等。同时，校园设施的配置也应充分满足学生的学习和发展需求，包括图书馆、实验室、运动场等。

2. 图书馆的空间布局

（1）社区阅读需求的分析

规划师可以通过社区调研和统计分析，深入了解各社区居民的阅读需求。不同社区可能有不同的文化特点和兴趣爱好，图书馆的藏书和服务可以根据这些特点进行有针对性的布局。

（2）容量和藏书种类的科学确定

基于对社区阅读需求的了解，规划师可以科学确定图书馆的容量和藏书种类。这包括纸质图书和数字资源的配比，以满足不同读者群体的需求。

（二）医疗设施的分类与功能定位

1. 医院与诊所的合理配置

规划师在设计医疗设施时，需考虑到人口密集区域的医疗服务需求。大型医院可布局在人口较为集中的区域，而诊所则可以分布在社区内，为居民提供基本医疗服务。此外，规划医疗设施时还需关注交通便捷性，确保患者能够迅速到达医疗机构。

2. 特殊医疗设施的规划

针对特殊人群的医疗需求，如儿科医院、妇幼保健院等，规划师需要有针对性地进行布局，以满足不同群体的特殊医疗服务需求。

（三）文化设施的分类与功能定位

在城市规划中，文化设施如博物馆和艺术馆的分类与功能定位是促进城市文化发展的关键因素。规划师应综合考虑不同社区的文化需求，科学布局这些设施，以提升城市的文化底蕴。

1. 博物馆的分类与功能定位

（1）社区内小型博物馆的设置

规划师应在各社区合理设置小型博物馆，展示本地历史、人文和自然资源。这样的博物馆既能够满足当地居民对本地文化的认知需求，又能够促进社区文化交流。

（2）专题性大型博物馆的布局

大型博物馆可以选择在城市核心区域设立，通过全面展示特定主题的文化和历史，吸引更广泛的观众。这些博物馆在城市旅游中也扮演着重要的角色，为游客提供深度的文化体验。

2. 艺术馆的分类与功能定位

（1）当代艺术馆的规划

规划师需要在城市中规划当代艺术馆，为艺术家提供展示平台，同时为市民提供与当代艺术互动的机会。这些艺术馆可设置在繁华商业区域或文化创意区，形成独特的文化景观。

（2）主题型艺术馆的布局

针对特定主题的艺术馆，如雕塑馆、绘画馆等，可以分布在城市不同区域。这样的规划能够满足不同群体对于艺术的多元需求，推动城市艺术氛围的形成。

3. 空间布局与文化交流

（1）展览和活动空间的科学设计

在规划文化设施时，需注重展览和活动空间的科学设计。合理的展览空间能够充分展示文化和艺术品，而活动空间则有助于各类文化活动的举办，提升设施的活跃度。

（2）促进文化交流和艺术创作

通过在文化设施周边设置公共广场、创意工坊等场所，规划师可以鼓励文化交流和艺术创作。这有助于培养本地文化创意产业，形成具有城市特色的文化生态系统。

二、公共设施供给与需求匹配

确保公共设施供给与需求匹配是城市规划的关键任务，这需要深入调查研究、科学评估，以满足不同居民群体的需求。

（一）教育设施供给与需求匹配

1.学生人口统计与学校规划

规划师应通过学生人口的统计分析，了解不同学段的学生需求。在学校规划中，要确保教育资源的合理配置，使每个学生都能够方便地接收到适龄段的教育。通过科学规划学校的布局，使学校更好地满足未来学生的入学需求。

2.教育资源均衡配置

由于不同区域的人口分布不均，规划师需要在城市不同区域均衡配置教育资源，确保每个社区都有足够的学校和教育设施。这有助于提高教育公平，使更多的学生能够获得优质的教育服务。

（二）医疗设施供给与需求匹配

1.居民年龄结构与医疗服务需求

规划师需要考虑到不同区域的居民年龄结构、健康状况等因素，以科学评估医疗服务需求。通过深入了解社区居民的健康状况，可以更准确地规划医疗设施，确保医疗资源的精准配置。

2.特殊人群医疗需求的关注

针对特殊人群的医疗需求，如老年人、儿童等，规划师需要有针对性地规划医疗设施。合理设置老年人护理院、儿科医院等特殊医疗机构，以更好地满足这些人群的特殊医疗服务需求。

（三）文化设施供给与需求匹配

1.社区文化活动调查与设施设置

通过社区文化活动的调查，规划师可以了解到不同居民对文化设施的需求。合理设置文化活动场所，使其满足居民对文化娱乐的多样化需求。通过统计分析社区文化活动的举办频率和参与度，规划师可以更好地调整文化设施的布局。

2.提高文化设施的利用率

通过在文化设施周边设置其他公共设施，如咖啡厅、书店等，可以提高文化设施的利用率。规划师可以通过促进文化交流和创意产业的发展，使文化设施成为社区的文化中心，为居民提供更多更丰富的文化体验。

第二节 城市文化设施与教育设施规划

一、文化设施的多样性与特色

城市文化设施的多样性与特色对于提升城市的软实力和塑造城市形象至关重要。规划师在进行文化设施规划时，应当注重不同设施之间的多样性，以满足居民对文化活动的多元需求，并通过规划特色设施，丰富城市文化内涵。

（一）博物馆的规划

博物馆作为文化传承的重要场所，其规划应当考虑到以下方面：

1. 多样性主题的规划

规划师可以根据城市的历史、文化底蕴以及艺术特色，规划不同主题的博物馆，如历史博物馆、艺术博物馆、科技博物馆等，以展示城市的多样性。

2. 分布在不同区域

为了方便居民接触到不同类型的文化，规划师应当将博物馆分布在城市的不同区域，确保每个社区都能够享受到文化传承的机会。

3. 文物收藏的丰富性

博物馆的文物收藏应当具有丰富性，既包括本地的历史文化遗产，也包括国际性的艺术品，为居民提供全面的学术与艺术体验。

（二）图书馆网络的建设

图书馆是知识资源的重要仓库，规划师在进行图书馆网络规划时应关注以下方面：

1. 社区布局

规划师可以通过充分了解各社区的文化需求，科学规划图书馆的布局，使得每个社区都能够方便地享受到图书馆的服务。

2. 数字化资源的整合

面对数字化时代，规划师应推动图书馆的数字化资源整合，建设电子图书馆，以适应居民对数字化学习的需求，提高图书馆的服务水平。

（三）艺术中心的规划

艺术中心是文艺创作与表演的核心场所，规划师在进行艺术中心规划时应考虑到：

1. 多功能性规划

艺术中心应当规划多功能场馆，包括演出场馆、展览空间、创作工作室等，以满足不同类型的文艺活动需求。

2. 支持文化创意产业

艺术中心的规划应当支持本地文化创意产业的发展，提供创作和展示的平台，激发本地艺术家和居民的创作热情。

二、教育设施的合理布局

教育设施的合理布局对于确保居民接受优质教育至关重要。规划师在进行教育设施规划时，应该全面考虑不同层次的教育需求、人口分布情况以及交通便捷性等因素，以提高教育资源的均等分配和教育质量。

（一）不同教育阶段设施的规划

1.幼儿园规划与布局

在幼儿园的规划中，规划师需要考虑到幼儿园的数量和位置，确保每个社区都有足够数量的幼儿园，以满足幼儿的入园需求。此外，幼儿园的空间布局应该兼顾安全性和趣味性，提供适宜的教育环境。

2.小学、中学和高校规划

在规划小学、中学和高校时，规划师需要科学划分不同区域的学校，确保每个学校能够容纳合适数量的学生。此外，还应关注学科设置、校园设施的配置，以提高教育的全面性和深度。

（二）人口分布与交通便捷性的考虑

1.人口密集区域的学生需求

规划师需要详细了解人口密集区域的学生分布情况，确保规划的学校能够满足该区域学生的入学需求。这包括对学生人口的统计分析，以预测未来的教育需求。

2.交通便捷性的考虑

教育设施的位置应考虑到交通便捷性，确保学生能够方便、安全地到达学校。规划师应当选择对大多数居民来说较为合适的位置，避免因交通不便而影响学生的入学。

（三）教育资源均等分配

1.不同区域的学校配置

为了提高教育资源的均等分配，规划师可以通过在不同区域配置各类学校，包括普通学校和特殊教育学校，以满足不同学生的需求。

2.优质教育资源的下沉

规划师可以鼓励优质教育资源的下沉，将高质量的教育资源引入社区学校，确保不同社区都能够享受到高质量的教育服务。

第三节　应急救援设施与社会服务设施规划

城市规划中的应急救援设施和社会服务设施对于保障城市居民的安全与福祉至关重要。规划师需要充分考虑不同类型设施的空间布局，以及整合社会服务资源、提高服务效率的创新方式。

一、应急救援设施的空间布局

城市规划中的应急救援设施的合理空间布局对于提高城市抵御灾害的能力和救援效率至关重要。规划师在进行这方面的规划时，需要深入考虑不同自然灾害的风险，确保城市在灾害面前能够有力应对。

（一）自然灾害风险评估

1.灾害种类的综合考虑

规划师首先需要对城市可能面临的各类自然灾害进行全面评估，包括但不限于地震、洪水、火灾等。不同的自然灾害有着不同的影响范围和应对方式，因此需要分别考虑。

2.区域风险程度的科学评估

通过科学评估各区域的风险程度，可以确定哪些区域更容易受到自然灾害的影响。这为应急救援设施的规划提供了空间布局的科学依据。

（二）避难场所的规划与建设

1.人口密集区域的关注

在规划避难场所时，规划师应重点关注人口密集区域，确保这些区域有足够的避难场所容纳居民。这可能涉及学校、体育馆等公共建筑的规划，以确保其在灾害发生时可以迅速转变为安全的避难场所。

2.基础设施的考虑

避难场所不仅需要提供庇护，还需要有足够的基础设施，包括饮用水、食品储备、卫生设施等。规划师应确保这些场所在平时具备必要的条件，一旦灾害发生，能够迅速投入使用。

（三）医疗救援点的布局

1.医疗资源的合理配置

规划师需要考虑到不同区域的医疗资源分布情况，确保在灾害时可以迅速调动医疗救援力量。这可能包括在医院周边规划急救站点，以提供紧急医疗服务。

2.交通便捷性的考虑

医疗救援点的布局还需要考虑到交通便捷性，确保医护人员能够快速到达受灾区域。规划师可以通过合理规划道路和交通枢纽来提高救援的效率。

二、社会服务设施的整合与创新

城市规划中的社会服务设施的整合与创新对于提高社会服务效率和满足居民多样化需求至关重要。规划师在这方面的工作中需要整合各类社会服务资源，并创新服务模式，以更好地服务城市居民。

（一）社会服务资源整合

1.综合社区服务中心的打造

规划师可以通过整合社区服务资源，建设综合社区服务中心，将不同领域的社会服务集中提供。这样的中心可以包括医疗服务、心理咨询、法律援助等多种服务，提高服务的整体性和便捷性。

2.就业培训机构与企业合作

通过与企业合作，规划师可以将就业培训机构与实际用人需求对接起来，确保培训内容更符合市场需求。这种整合有助于提高毕业生的就业率，同时满足企业对高素质员工的需求。

3.老年关怀机构与社区服务的结合

将老年关怀机构与社区服务相结合，可以为老年人提供更全面的服务，包括医疗护理、文化娱乐等。规划师需要考虑到老年人口的分布情况，合理规划养老院和日间照料中心的位置。

（二）服务模式创新

1.数字科技在社会服务中的应用

规划师可以推动社会服务设施引入数字科技，建立在线服务平台。通过手机应用、互联网平台等方式，为居民提供更便捷的社会服务，例如在线咨询、预约服务等，提高服务的时效性和便捷性。

2.定制化服务的引入

针对不同群体的需求，规划师可以引入定制化服务模式。例如，为残障人士提供上门服务，为特殊群体设计个性化的社会服务方案，以更好地满足不同人群的需求。

（三）社会服务设施的规划与布局

1.人口结构与需求的匹配

规划社会服务设施时，需要根据不同社区的人口结构和需求来制定规划方案。例如，在老年人口较多的社区，可以加强对养老服务设施的规划；在年轻人口较多的地区，可以注重就业培训和儿童服务设施的规划。

2.多元化服务设施的布局

规划师应确保社会服务设施的布局多元化，覆盖不同领域和不同服务对象。这包括社区服务中心、就业培训机构、养老院等，以满足居民多方面的需求。

第六章　社区规划与居住环境

第一节　社区规划与社区建设

一、社区规划的参与性与民主化

（一）居民参与的必要性

1. 规划师与社区居民的互动

（1）开放的心态与居民互动

社区规划的成功建立在规划师与社区居民之间建立良好互动的基础上。规划师应当展现开放的心态，积极寻求与居民的互动机会，以确保规划的制定是基于真正理解社区需求的。[5]

（2）基石地位与规划决策的关系

居民作为社区的基石，直接受益或受害于规划决策。规划师需要深刻认识到居民的重要性，将其视为规划过程中最重要的利益相关方。通过与居民的密切互动，规划师可以更好地理解居民的生活方式、价值观和需求，从而更准确地指导规划决策的制定。

（3）期望和担忧的理解

居民参与不仅是为了提供需求，也是为了表达期望和担忧。规划师需要倾听居民的声音，深入了解他们对社区未来的期望和对规划可能带来的担忧。通过这种理解，规划可以更好地反映社区的多元利益，提高规划的针对性和可行性。

2. 居民调查与实地信息收集

（1）社区规划的权利与责任

居民参与社区规划不仅是一项权利，更是一项责任。规划师需要积极主动地开展居民调查，以获取详尽的社区信息。这种调查应该包括居民对居住环境、公共服务、交通等方面的需求和期望的全面了解，确保规划的全面性和具体性。

（2）实地信息收集的意义

规划师在规划过程中需要进行实地信息收集，以确保对社区的真实了解。通过深入社区，规划师可以获取现场的、实际的信息，有助于更全面地把握社区的特点、问题和机遇。这种实地信息收集是规划师制定规划方案的重要基础。

（3）可行性的保证

实地信息收集有助于规划师更全面地了解社区的现状，进而保证规划的可行性。通过深入了解社区居民的实际需求，规划师能够更好地匹配规划方案，确保规划的可行性和社区的可持续发展。

3.互动交流的信任关系建立

（1）互动交流的形式

座谈会等形式的互动交流是规划师与居民之间建立信任关系的重要手段。通过这样的交流方式，规划师可以直接面对居民，解释规划的目的、原则和预期效果，同时也能够更深入地了解居民的态度和反馈。

（2）双向的沟通

双向的沟通是建立信任关系的关键。规划师不仅要向居民传递信息，还要倾听他们的声音，吸收他们的意见。通过双向的沟通，规划师可以更好地感知社区的脉搏，确保规划的执行能够得到社区居民的支持。

（3）信任关系的重要性

建立信任关系是社区规划成功实施的基石。只有居民信任规划师，才能更主动地参与规划过程，提供真实的信息和意见。因此，规划师需要通过互动交流，建立与社区居民之间的信任关系，确保规划过程的透明度和公正性。

在整个社区规划过程中，居民的参与不仅是一项法定权利，更是一项对社区发展的积极贡献。规划师通过与居民的互动、调查和信任关系的建立，可以更好地制定出符合社区实际需求的规划方案，推动社区可持续发展。这种居民参与的必要性不仅是一种方法论，更是社会治理和规划实践的基本原则。

（二）民主决策的推动

1.决策透明与公正性

（1）透明度的重要性

社区规划的决策过程必须以透明度为基础。规划师应确保决策的每个步骤都对社区居民开放、清晰可见。透明度不仅是一种责任，更是建立社区信任的基础，有助于提高决策的可行性和可接受性。

（2）公正性的原则

决策的公正性是社区规划不可或缺的原则之一。规划师在整个决策过程中要确保每个居民的意见都能够被平等地听取和考虑。公正的决策有助于避免社会不平等，确保决策结果符合多数人的利益，促进社区的和谐发展。

（3）参与机制的建立

为了实现决策的透明和公正，规划师可以建立参与机制，包括规划公告、会议记录、决策文件的公示等。这些机制可以让社区居民了解每个决策的依据、过程和结果，为决策的合法性提供支持。

2.社区居民参与的规划工作组

（1）工作组的组建与角色

为推动民主决策，规划师可以积极组建由社区居民组成的规划工作组。这个工作组的角色不仅在于参与决策，还应充当信息传递的桥梁。规划师可以通过居民投票、邀请感兴趣的居民加入等方式，确保工作组具有代表性。

（2）参与式决策的实践

规划工作组的成立不仅仅是形式上的参与，更应该实现实质性的民主决策。规划师可以组织专业培训，提升居民的规划素养，使其更好地理解和参与到规划决策的过程中来。

（3）信息传递与协调

规划工作组作为信息传递的桥梁，需要规划师积极协调与组织。规划师应确保工作组获得充分的决策信息，同时及时将工作组的意见和建议反馈给规划团队，实现社区居民与规划师之间的良性互动。

3.居民对规划过程的了解程度

（1）定期会议与信息沟通

规划师应通过定期会议、座谈会等形式，与社区居民进行充分而及时的信息沟通。这样的交流不仅有助于居民了解规划的背景和目标，也提供了机会让规划师了解居民的需求和期望。

（2）培训与教育活动

为提高社区居民对规划过程的了解程度，规划师可组织相关培训和教育活动。这些活动可以涵盖规划基础知识、决策流程、影响评估等方面，帮助居民更深入地参与规划过程，理解决策的复杂性。

（3）多媒体和数字化手段的应用

为了提高信息传递的效率，规划师可以利用多媒体和数字化手段，建立规划网站、社交媒体平台等渠道。这样的手段能够使规划信息更广泛地传播，让更多居民了解规划动态，增加他们对规划的参与感。

通过以上手段的综合运用，规划师能够促使社区决策更为民主、公正，确保决策过程的透明度，同时提高社区居民的参与度和对规划的理解程度。这不仅有助于建立社区的信任基础，也为未来的规划决策提供了更为广泛的参考依据。

（三）信息公开与沟通渠道的建立

1.信息公开的机制

（1）规划网站与社交媒体平台的建设

规划师在实现信息公开的过程中，首要任务是建立规范的规划网站和社交媒体平台。通过这些数字化渠道，规划师可以发布规划的进展、决策结果、相关报告等信息。这为社区居民提供了便捷地获取信息的途径，提高了透明度。

（2）实时更新和定期报告

为保持信息的时效性，规划师需要确保网站和社交媒体平台得到及时的更新，定期发布决策报告、工作进展报告，让社区居民了解规划的最新动态，建立透明、稳定的信息发布机制。

（3）可视化信息呈现

为提高信息的易理解性，规划师可以采用可视化手段，如地图、图表等，将复杂的规划数据以直观的方式呈现。这不仅有助于社区居民更好地理解规划内容，也促进了信息传递的效果。

2.多样化沟通渠道

（1）线下会议与座谈会

虽然数字化渠道有其便捷性，但规划师仍需关注社区居民中可能存在的数字鸿沟。因此，规划师应定期组织线下会议、座谈会，提供更为直接的沟通平台。这有助于规划师更深入地了解社区居民的意见和需求。

（2）社区活动的结合

规划师可以利用社区活动作为沟通的载体，如社区义工活动、文化节庆等。在这些活动中，规划师有机会与社区居民面对面交流，了解他们的期望、担忧和建议，使沟通更加贴近居民的生活。

（3）在线问卷调查

除了线下沟通，规划师还可以设计在线问卷调查，以获取更广泛的社区居民反馈。通过精心设计的问卷，规划师可以收集到关于居民对规划的看法、建议和期望的数据，为规划提供更科学的参考依据。

3.双向交流的促进

（1）开放性的讨论平台

规划师可以创建开放性的讨论平台，鼓励社区居民在这里分享他们的看法和意见。这种平台可以是线上的论坛，也可以是线下的专门讨论会场。通过这样的平台，居民可以更自由地表达他们对规划的期望和疑虑。

（2）定期社区会议

规划师应当定期组织社区会议，与社区居民进行面对面的交流。这样的会议不仅可以用于传递规划信息，还能够听取居民的声音，解答疑虑，从而建立起规划团队与社区居民之间的信任关系。

（3）反馈机制的建立

为实现双向交流，规划师需要建立有效的反馈机制。在信息公开的同时，鼓励社区居民提出问题和建议，并确保规划师能够及时做出回应。这种及时反馈机制有助于增加居民的参与感和满意度。

二、社区建设的可持续性与宜居性

（一）绿化规划与生态可持续性

1. 生态系统保护与社区绿化布局

（1）科学绿化规划的必要性

在社区建设中，规划师需要深刻理解生态系统的重要性，并将生态可持续性融入规划的全过程。科学的绿化规划布局是实现生态系统保护的关键。通过合理引入多样化的绿色植被，包括本土植物和树木以及规划社区公园等绿地，有助于提高社区的整体绿化率，创造宜人的环境，同时维护和改善自然生态系统。

（2）绿化与生态环境改善

社区绿化不仅仅是为了美化环境，更是为了生态环境的改善。绿化能够有效净化空气，吸收有害气体，提供氧气，为居民创造清新的居住环境。规划师在设计绿化布局时应注重生态系统的连续性，打造具有生态功能的空间。

（3）生态足迹与可持续未来

绿化规划有助于降低城市的生态足迹，使城市建设更符合生态可持续性的原则。合理规划的绿地不仅能为人们提供休憩娱乐的场所，还能保护当地的生态平衡，减缓城市化对自然环境的冲击，为未来提供可持续的生态环境。

2. 空间设计与生态系统服务

（1）绿色基础设施的规划

规划师应注重社区中绿色基础设施的规划，包括但不限于雨水花园、生态走廊等。这样的设计不仅可以美化社区，还能提供丰富的生态系统服务。雨水花园有助于雨水的渗透和净化，生态走廊则连接不同的生态节点，促进生物多样性的维持。

（2）生态系统服务的多样性

绿色基础设施不仅提供美学价值，还能够履行各类生态系统服务。规划师应当充分考虑社区的特点，为不同区域设计相应的绿色基础设施，如湿地公园、绿化广场等，以满足不同生态系统服务的需求，促进社区的整体生态平衡。

（3）社区绿化的生态效益

通过科学规划社区绿化，社区不仅能够获得美观的景观，还能享受到一系列的生态效益。这包括空气净化、温度调节、降低城市热岛效应等。规划师应当注重量化这些效益，使其成为推动社区绿化规划的动力之一。

3. 社区居民参与生态保育

（1）生态教育与参与活动

规划师应当通过生态教育和参与活动，促使社区居民深入了解生态系统的重要性。通过组织植树活动、自然保护讲座等，居民能够亲身体验生态保护的实际效果，从而更加积极地参与到生态环境的保护中。

（2）废弃物分类与资源再利用

社区居民的废弃物分类与资源再利用行为直接关系到生态系统的可持续性。规划师可以通过制定相关政策和提供相应设施，鼓励居民进行垃圾分类，实现资源的再利用，减少对自然资源的过度开发，保护生态环境系统。

（3）社区绿色倡导

规划师可以通过社区绿色倡导活动，培养社区居民的环保意识。倡导居民自发参与社区的绿化活动，如共同维护社区公园、植树义工等，从而形成共同维护生态环境的良好氛围。

（二）交通规划与可持续出行

1.可持续交通模式的推动

（1）科学合理的交通规划

在社区建设中，规划师应当制定科学合理的交通规划，以推动可持续的出行方式。通过深入了解社区居民的出行需求，规划师能够提出适合社区特点的可持续交通解决方案。这包括规划步行道、自行车道、公共交通线路等，以降低对个人汽车的依赖，从而提高社区的可持续性。

（2）鼓励步行、骑行和公共交通

推动可持续交通模式的发展是提高社区可持续性的关键。规划师应当制定政策和规划基础设施，鼓励社区居民选择步行、骑行和使用公共交通工具。这不仅有助于减少交通排放，还能改善空气质量，降低交通噪声，提高居民的生活质量。

（3）交通网络的合理规划

合理规划社区交通网络是实现可持续出行的前提。规划师需要设计便捷的步行和自行车路径，确保公共交通线路覆盖社区核心区域。通过合理规划，规划师能够减少交通拥堵，提高社区的可达性，为居民提供更为便捷的出行选择。

2.交通与社区活力的结合

（1）创造步行友好型环境

规划师在交通规划中应当注重创造步行友好型环境。通过设计宽敞的人行道、绿化带和城市广场，使居民更愿意选择步行作为日常出行方式。这有助于增强社区的人文氛围，促进居民之间的互动和社区活力的提升。

（2）自行车道的建设

为促进可持续出行，规划师应当着力建设自行车道网络。这些自行车道应贯穿社区主要区域，连接公共服务设施和商业中心。通过提供安全、便捷的自行车通道，规划师能够引导居民更多地选择骑行，减少对机动车的需求。

（3）优化公共交通站点

社区内的公共交通站点的设计和布局对于提高社区活力至关重要。规划师应考虑站点的便捷性和美观性，提供舒适的候车环境。通过优化公交站点的布局，规划师能够提高居民使用公共交通的积极性，促进社区的可持续出行。

3.社区交通管理与智能技术应用

（1）智能交通监测

规划师可以借助智能技术，实现社区交通的实时监测。通过安装智能监测设备，规划师能够获取交通流量、拥堵情况等信息，从而更准确地进行交通规划和管理。

（2）智能交通信号灯

智能交通信号灯的应用可以有效提高交通效率。规划师可以通过调整信号灯的时间和周期，根据实时交通情况进行智能控制，降低交通拥堵，提高道路通行能力。

（3）提升出行体验

规划师可以通过智能技术提升居民的出行体验。例如，通过推广智能导航系统、共享出行平台等，提供居民更多元、便捷的出行选择。这不仅提高了社区的可达性，还使出行更为智能化和便利化。

（三）公共空间设计与社交互动

1.社区公共空间的多功能设计

在社区规划和设计中，充分考虑社交互动的需求是至关重要的。社区公共空间作为居民日常生活的重要组成部分，其多功能性设计对于促进社区内居民之间的交流与互动，以及增强社区凝聚力具有显著的意义。

首先，公共空间的多功能设计应包括集市，为居民提供一个交流、购物和社区服务的场所。集市不仅是商品交换的场所，更是居民聚集的地方，促使社区形成独特的人际网络。

其次，广场是社区公共空间设计中的重要组成部分，可作为居民休闲娱乐、举办文化活动的场所。广场设计旨在为社区提供一个集体聚会的空间，通过文艺演出、庙会等活动，拉近居民之间的关系，同时丰富社区文化生活。除此之外，公共空间中的休闲设施也应得到充分考虑。休闲设施的引入既能为居民提供休息放松的场所，也为社区居民提供丰富的业余活动选择，促进社区居民之间的互动。通过合理布局和设计，休闲设施能够成为社区凝聚力的催化剂，使社区变得更加宜居和充满活力。这种多功能设计的公共空间不仅仅是满足基本居住需求的场所，更是社区生活的重要载体。

通过提供集市、广场、休闲设施等多元化功能，规划师可以打破传统公共空间单一功能的局限，创造一个更具社交活跃度和丰富度的社区生活环境。这不仅提高了社区居民的生活质量，也有助于建立更为紧密的社区关系，推动社区的可持续发展。因此，在社区规划中，注重公共空间的多功能设计，是实现社区活力和凝聚力的关键一步。

2.绿色交融与景观设计

在社区建设中，景观设计是规划师实现自然环境与建筑环境有机交融的关键手段。通过合理利用植物、水体等自然元素，规划师可以塑造出宜居的绿色环境，实现社区的绿色交融。

首先，植物的巧妙运用是景观设计中的重要考虑因素。规划师可以在社区中引入各类树木、花卉和草地，以打造丰富多彩的植被景观。通过巧妙的植物布局，可以改善社区的空气质量，提高居民的生活品质。同时，不同季节植物的景观变化也能为社区带来不同的风情，使其在整体上呈现出生机勃勃的面貌。

其次，水体作为自然元素的运用也是景观设计中的重要策略。规划师可以设计小型喷泉、人工湖泊等水体景观，为社区增添了自然水景，提高了整体的视觉享受。水体不仅为社区创造出清新的氛围，还为居民提供了休闲娱乐的场所，使社区不仅是一个生活的空间，更是一个休憩的天地。通过绿植与水体的有机搭配，景观设计可以有效地改善社区的生态环境，实现建筑与自然的和谐共生。最重要的是，这样的设计还能促进社交互动。社区中的绿色环境不仅美化了居住区域，更为居民提供了共享的户外空间。公共花园、散步小径等设计元素，为居民创造了社区活动的场所，促进邻里之间的交流与互动。这样的社交空间既丰富了居民的业余生活，也加强了社区凝聚力，使社区成为一个更具社交互动性的生活社群。

综合而言，景观设计在社区建设中的绿色交融不仅美化了环境，更创造了宜居的居住环境。通过植物与水体的合理设计，规划师能够实现建筑与自然环境的有机结合，为社区居民提供独特的生活体验。这种以绿色交融为核心的景观设计不仅关注自然生态，也注重社区功能和社交互动，从而全面提升了社区的品质与居住体验。

3. 社区活动与文化氛围建设

在社区规划中，通过策划丰富多彩的社区活动，规划师可以积极参与文化氛围的营造，为社区居民提供更丰富的文化体验。首先，社区可以定期举办艺术展览，为居民提供欣赏和参与展览的机会。规划师可以设计专门的艺术展览场所，如社区艺术馆或露天画廊，展示当地艺术家的作品，激发居民对艺术的兴趣。艺术展览的举办，不仅能够丰富社区居民的文化生活，还有助于打造独特的文化品牌，提升社区的知名度和吸引力。

其次，规划师可以组织各类文化节庆活动，以丰富社区居民的日常生活。例如，春节庆典、文化艺术节等，这些活动既可以传承传统文化，又能够融入当代元素，满足多样化的文化需求。规划师可以精心设计活动内容，包括文艺表演、手工艺市集、美食节等，使社区成为文化交流的热点。通过文化节庆活动，社区不仅可以营造欢快愉悦的氛围，还能够增加社区的互动性，促进居民之间的交流。

再次，规划师可借助数字化平台，推动线上线下结合的社区文化活动。通过社交媒体、在线展览等形式，将文化活动的影响力拓展到更广泛的居民群体。规划师可以借助先进的科技手段，创新社区活动的形式，使文化体验更加多样化，提高社区居民的参与度和满意度。

最后，规划师还可以建设文化交流中心或社区文化馆，为居民提供学习和交流的场所。这样的场所可以举办讲座、读书会、文学沙龙等活动，促使居民参与到文化交流中来。文化交流中心不仅提供了学习和娱乐的机会，还能够成为社区居民凝聚的核心，增强社区的凝聚力。

通过这些社区活动的策划与实施，规划师可以营造丰富的文化氛围，不仅满足了居民的文化需求，也增强了社区的活力。这种文化氛围建设不仅仅是简单的活动举办，更是一种社区精神的塑造，通过共同参与文化活动，居民间的情感联系得以加深，形成更为紧密的社区群体。因此，在社区规划中，注重文化活动的策划与文化氛围的建设，是提升社区居民生活品质与社区发展的有效途径。

（四）社区设施规划与居民需求

1.基础设施的合理布局

在社区建设中，基础设施的合理布局是规划师需要着重考虑的重要方面。首先，学校的布局至关重要。规划师应当在社区内科学规划学校的位置，确保其对周边居民的覆盖面和服务范围。学校合理布局能够满足居民对教育资源的需求，提高社区居民的生活品质。学校不仅是教育的场所，更是社区的文化和社交中心，规划师需要注重学校周边环境的景观设计，使之成为宜学宜居的空间。

其次，医疗机构的布局也是社区基础设施规划的重要组成部分。规划师需要在社区内合理配置医疗资源，确保居民能够便捷地获得医疗服务。设立社区诊所、卫生站等医疗服务点，能够有效提高社区医疗资源的可及性。同时，规划师还需考虑医疗机构的容量和设备水平，以满足社区居民的基本医疗需求。通过合理布局医疗机构，社区居民可以更便捷地享受到及时、高效的医疗服务，增强社区居民的健康感。

再次，商业中心的合理布局对社区的居民生活质量有着直接影响。规划师需要在社区内规划商业街区或购物中心，以满足居民的日常购物和消费需求。商业中心不仅提供了方便的购物场所，还促进了社区的商业繁荣，创造就业机会，为社区经济的发展做出贡献。合理布局商业中心还能够带动周边社区的商业活力，提高社区的整体吸引力。

最后，规划师需要关注这些基础设施的可达性，确保学校、医疗机构和商业中心的位置便于居民到达，减少交通成本和时间。可达性的提高不仅有助于居民更便捷地利用社区设施，还有助于降低对私家车的依赖，减轻交通压力，促进社区的可持续发展。

基础设施的合理布局是社区建设中的重中之重。规划师在设计社区基础设施布局时，需全面考虑学校、医疗机构和商业中心的位置，以满足居民的日常需求，提高社区的宜居性。通过科学合理的规划，社区基础设施不仅能够满足居民的各种需求，还能够促进社区的经济繁荣，增强社区居民的生活幸福感。

2.社区设施的多样性与包容性

首先，规划师在社区设施的设计中应注重多样性，以满足不同居民群体的多元化需求。考虑到社区的人口结构和居民特点，规划师可以在社区内引入各类设施，如儿童游乐场、青少年活动中心、健身设施等，以满足不同年龄段居民的娱乐和运动需求。通过引入多元化的社区设施，可以促使社区形成丰富的文化和社交生活，使居民能够更好地融入社区，提高社区的整体宜居性。

其次，规划师在社区设施设计中需要充分考虑特殊群体的需求，确保社区设施具有包容性。老年人、残障人士等特殊群体在日常生活中有着特殊的需求，规划师可以在社区内设置老年人活动中心、残障人士无障碍通道等设施，以提供更便捷、贴心的服务。通过这些设施的引入，社区将更好地满足所有居民的需求，使得社区设施更具普适性和包容性，推动社会的共融发展。

再次，规划师可以通过社区设施的灵活性设计，适应居民需求的动态变化。社区设施的多样性不仅仅是在设施类型上的多元化，也包括在功能上的多元化。规划师可以设计可变功能的社区空间，使得同一场地能够适应不同的活动和需求。这样的设计能够更好地满足社区居民的多元化需求，提高社区设施的利用率，增加社区的可持续性。

最后，规划师在推动社区设施多样性与包容性时，需要与社区居民进行充分的沟通与参与。通过居民的意见反馈和建议，规划师能够更准确地了解社区的需求和期望，从而更科学、合理地设计社区设施。居民的主动参与也有助于增强社区共同体意识，促使社区居民更加积极地利用社区设施，形成更为活跃的社区氛围。

规划师在社区设施设计中应注重多样性与包容性，通过引入多元化设施、考虑特殊群体需求、设计灵活的社区空间，以及与居民的密切合作，提高社区的宜居性和社区居民的生活品质。这种全面考虑居民需求的规划理念不仅体现了社区建设的人本关怀，也有助于实现社区的可持续发展。

3.社区参与设施规划

首先，社区参与是设施规划的关键环节，规划师应该在规划过程中积极引导社区居民的参与。社区调查是其中一种重要的方式，通过开展问卷调查、座谈会等形式，规划师可以深入了解居民对于社区设施的需求和期望。通过征集居民的意见，规划师能够更全面地了解社区的特点和居民的实际需求，从而更科学、更合理地规划社区设施。此外，规划师还可以利用数字化平台，开展在线调查，以覆盖更广泛的居民群体，确保参与的全面性和公平性。

其次，座谈会是另一种有效的社区参与方式。通过与居民进行面对面的交流，规划师能够更直接地了解他们的关切和期望。座谈会的形式有助于建立规划团队与居民之间的沟通桥梁，促使双方形成共识。规划师在座谈会上不仅能够解释规划的目标和原则，还能够听取居民的反馈，收集他们的建议。这种互动式的参与过程能够更好地反映社区居民的真实需求，为规划师提供了更具针对性的参考。

再次，规划师在社区设施规划中还应鼓励居民提出创新性的建议。通过开展创意工坊、征集设计方案等方式，规划师可以激发社区居民的创造力，引导他们对社区设施提出独特的见解。这样的创新性参与不仅能够为规划师提供新颖的设计理念，还有助于提高社区居民对社区建设的归属感和责任感。规划师可以将这些创新性的建议融入规划中，使社区设施更符合居民的期望，也更具创意和活力。

最后，规划师在社区设施规划中应建立长效的社区参与机制。通过设立社区规划委员会或社区居民代表机构，规划师可以与社区居民建立起一种持续、有机的沟通关系。这样的机制可以使社区居民在规划、建设和管理过程中持续参与，形成规划的动态调整和优化。规划师不仅要在规划初期进行参与，还应在后续的实施过程中与社区居民进行持续的互动，以确保设施规划的可持续性和适应性。

社区参与是设施规划中不可或缺的一环。规划师通过社区调查、座谈会、创意工坊等多种方式引导社区居民参与，不仅能够更好地了解他们的需求和期望，也能够增强社区居民对社区建设的归属感。通过建立长效的社区参与机制，规划师可以使社区参与成为规划的常态，为社区设施规划的实施提供可靠的支持。这种全面的社区参与理念不仅有助于提升规划的科学性和针对性，也为社区建设的可持续发展奠定了基础。

第二节　居住环境品质与改善

一、居住环境品质的评估标准

（一）环境舒适度的维度

1. 季节性气候评估

首先，规划师在进行季节性气候评估时应当采用科学的气象测量方法。这包括使用先进的气象监测技术，如气象站、卫星遥感等，以获取准确的气象数据。通过对温度、湿度、降水量等气象要素的测量，规划师能够全面了解不同季节的气候特征。此外，规划师还应结合长期的气象数据进行分析，以识别气象变化的趋势和规律，为后续的规划工作提供科学依据。

其次，规划师需要深入研究不同季节的气象特征，以准确评估居住环境在不同季节中的舒适度水平。这可以通过制定气象影响评估模型，考虑温度与湿度的相互作用、风向和风速对人体感受的影响等因素。通过对这些复杂的气象要素进行综合分析，规划师能够更全面、准确地了解居住环境在不同季节中的气候条件，为后续的设计和规划提供有力支持。

再次，提高季节性气候舒适度需要规划师在居住区域设计中提出切实可行的建议。在寒冷季节，规划师可以建议采用保温性能良好的建筑材料，设计有效的供暖系统，确保室内温暖舒适。而在炎热季节，规划师可以推荐采用遮阳设施，如植被覆盖、建筑物遮阳结构等，以减轻高温对居民的影响。此外，规划师还可以提出灵活的设计方案，使建筑结构能够适应季节性的气候变化，实现节能与环保的目标。

最后，规划师可以在社区规划中考虑增加遮阴设施、水体或休闲区等措施，以提高居民在不同季节里的愉悦体验。通过在社区内引入绿化带、休闲广场、水景等元素，可以有效地降低城市热岛效应，提供清新的氛围，使社区成为居民在不同季节中放松和交流的理想场所。这些景观设计不仅提升了社区的宜居性，还促进了社区居民的身心健康。

季节性气候评估是规划师在居住环境规划中不可忽视的重要环节。通过科学的气象测量方法、深入的气象研究，规划师能够更准确地了解不同季节的气候特征。提出在建筑设计和社区规划中应对季节性气候变化的建议，有助于提高居住环境的舒适度，为居民创造更宜居的生活空间。

2. 噪声水平评估

首先，规划师在进行噪声水平评估时应当采用最新的噪声测量技术，以确保全面了解居住区域内的噪声状况。现代的噪声监测设备能够实时监测不同频率和来源的噪声，帮助规划师建立详细的噪声地图。通过采集大量噪声数据，规划师可以更准确地识别噪声的主要来源，为后续的噪声治理提供科学依据。

其次，规划师需要综合考虑不同来源的噪声，包括交通、工业和社区活动等。通过制定噪声标准，规划师可以量化不同类型噪声的影响，确保居住环境在噪声方面达到可接受水平。噪声标准可以基于国家或地区的相关法规和规范，也可以根据当地居民的实际需求进行调整。规划师还可以考虑噪声的时段特征，例如白天和夜晚的不同噪声容忍度，以更好地反映居民的实际感受。

再次，规划师在改善噪声水平方面可以提出一系列有效的建议。在交通要道附近，规划师可以建议采用隔音屏障、绿化带等手段，减少交通噪声的传播。隔音屏障的设计需要考虑高效隔音材料的使用和结构的合理布局，以最大限度地降低噪声传播。对于工业区域，规划师可以推动采用先进的噪声减少技术，例如噪声隔离墙、噪声减振设备等，以降低工业活动对周边居住区的噪声干扰。在社区活动场所的规划中，规划师可以避免将其布置在过于靠近居住区域的位置，减轻社区活动对居民的噪声影响。

最后，规划师需要建立长效的噪声治理机制，以确保居住环境的持续舒适性。这包括定期的噪声监测和评估，及时发现和解决新的噪声问题。规划师还可以与相关部门合作，制定并不断完善噪声治理政策，鼓励企业和社区采取切实可行的措施，共同维护良好的居住环境。此外，规划师还可以倡导居民的噪声意识，通过开展宣传教育活动，提高居民对噪声问题的认知，促使他们共同参与噪声治理工作。

噪声水平评估是规划师在居住环境规划中必须关注的一个重要方面。通过科学的噪声测量技术，全面考虑不同噪声来源，提出有效的改善建议和建立长效的噪声治理机制，规划师能够确保居住环境在噪声方面达到可接受水平，提高居民的生活质量。

3. 空气质量评估

首先，规划师在进行空气质量评估时需要建立科学的监测体系。这包括采用先进的空气质量监测设备，以测量关键的空气污染物，如颗粒物、臭氧、二氧化氮等。规划师可以借助现代化的监测技术，如空气质量监测站网络、遥感技术等，实时获取大量的空气质量数据。通过对这些数据的分析，规划师能够全面了解居住区域内不同污染物的浓度分布和时空变化规律，为后续的规划工作提供科学依据。

其次，规划师需要考虑多种因素对空气质量的影响。除了污染物浓度外，植被覆盖和空气流通等因素也对空气质量起到重要作用。规划师可以通过绿化规划，增加居住区域内的植被覆盖，以提高空气中氧气含量，减少污染物浓度。同时，规划师还可以优化建筑布局，保障空气的自由流通，减少局部空气污染的累积。通过全方位考虑这些因素，规划师能够提出更具体、有针对性的改善空气质量的建议。

再次，规划师在提高空气质量方面可以建议强化工业区域的环保监管。通过推动企业采用清洁生产技术、提高污染物处理效率，规划师可以降低工业排放对空气质量的负面影响。这可能包括制定和执行严格的排放标准，鼓励企业进行技术升级，以逐步减少空气污染源。此外，规划师还可以提倡建设绿色产业园区，以促进环保技术的应用和推广。

最后，规划师可以通过规划建议增加绿化覆盖和引入空气净化设施，进一步提高居住区域的空气质量。通过增设绿化带、公园和绿色景观，规划师能够提高植被的吸附和净化能力，改善周边空气环境。此外，引入空气净化设施，如空气净化器、绿植净化系统等，也能有效降低室内和局部区域的空气污染程度，为居民创造更清新、健康的生活空间。

（二）安全性的考虑

1. 犯罪率综合评估

安全性是居住环境品质的关键要素之一。规划师在居住环境品质评估中，首先需要与公安部门合作，获取翔实的犯罪数据。这涵盖了各类犯罪，包括但不限于盗窃、抢劫、侵害人身安全等。通过运用统计学方法，规划师可以对不同区域的犯罪率进行全面评估，以明确潜在的安全隐患。这种评估结果为规划师提供了科学的基础，使其能够制定增强安全性的规划策略。在提高安全性方面，规划师可以建议实施加强巡逻的措施，通过增派巡逻人员和采用技术手段，提高对居住区域的安全监控。同时，规划师可以提出提升照明设施的规划策略，确保居住区域在夜间有足够的照明，降低犯罪的机会。这样的规划旨在通过细致的安全性评估，为社区创造一个更加安全的居住环境。

2. 交通安全评估

首先，规划师在进行交通安全评估时应充分考虑道路设计的因素。合理的道路设计是确保交通基础设施安全性的基础。规划师需要关注道路宽度、车道数量、弯道设计等因素，以确保道路结构符合交通流的需求，并降低交通事故的风险。通过采用先进的交通工程设计原则，规划师可以优化道路布局，提高道路的通行安全性。

其次，对交通流量的评估是确保交通安全的重要步骤。规划师可以通过流量监测和分析，了解不同交通模式的使用情况，包括机动车、非机动车和行人。通过对交通流量的深入研究，规划师可以识别拥堵点、高峰时段等关键信息，为交通管理提供科学依据。同时，规划师还需考虑不同交通模式之间的协同性，以确保各类交通参与者的安全与顺畅。

再次，规划师需要对行人过街设施进行质量评估。行人安全是交通规划中的重要考虑因素，特别是在城市居住区域。规划师应关注人行道的设置、过街信号灯的合理安排以及人行道与车道的分隔措施等。通过提高行人过街设施的质量，规划师可以有效降低行人与车辆之间的冲突，提高行人的安全性。

最后，在改善交通安全性方面，规划师可以提出具体的规划建议。设置交叉口、减速带、人行天桥等是常见的规划手段。通过科学的交通工程学方法，规划师可以优化交叉口的设计，确保合适的转弯半径和行人过街距离，减少交叉口事故的发生。减速带的设置可以有效控制车辆速度，降低行人被撞击的风险。人行天桥则提供了安全的通行通道，避免行人与机动车辆直接交叉，从而提高居住区域的整体交通安全水平。

3. 自然灾害风险评估

首先，规划师在进行自然灾害风险评估时需要全面考虑各种自然条件，包括地质、气象等因素。对于地质条件，规划师可以通过地质勘探和地质灾害历史数据，了解不同区域地震、滑坡等地质灾害的概率和影响程度。[6]对于气象条件，规划师可以通过气象数据分析，评估居住区域可能遭遇的洪水、风暴等气象灾害。通过对这些自然条件的深入了解，规划师能够更准确地评估不同自然灾害的风险水平。

其次，规划师需要引入相应的灾害防范设施和规划原则。例如，在面对洪水风险时，规划师可以提出建设防洪堤、拓宽河道等设施的规划建议。对于地震风险，规划师可以制定地震减灾措施，包括规范建筑设计、加固建筑结构等。通过引入这些防范设施和规划原则，规划师可以有效减轻自然灾害对居住环境的影响，提高居住区域的整体抗灾能力。

再次，规划师在提出规划建议时可以考虑社区的避灾疏散策略。规划师可以规划安全的疏散通道，设立避难点，确保居民在自然灾害发生时能够迅速、有序地撤离危险区域。这也包括对公共建筑、救援设施等的规划和布局，以提高灾害发生时的紧急响应能力。

最后，规划师的规划策略旨在通过科学防范，提高居住区域的整体自然灾害抗风险水平。这包括对现有建筑和基础设施的评估和改善，以确保其能够在自然灾害中承受较大冲击。规划师还可以推动社区居民的灾害防范意识，通过培训和宣传活动提高居民自救互救能力。通过这些综合性的规划建议，规划师可以为居住环境创造更加安全、稳定的社区氛围。

（三）便捷性的多元考量

1. 交通便捷性评估

首先，交通便捷性的全面评估需要综合考虑多个关键指标，其中之一是交通流量。通过详细测量和分析不同时间段的交通流量情况，规划师能够深入了解居住区域的交通拥堵状况。这为规划师提供了重要的数据支持，使其能够在交通规划中精准地识别高峰期和低谷期，从而更有效地调整道路布局和流量控制，提高交通的流畅性。

其次，道路状况的评估是提升交通便捷性的关键环节。规划师需要关注道路的宽度、交叉口设计等方面的细节。对于道路宽度，规划师可以根据交通流量和道路用途，提出合理的宽度标准，确保道路能够容纳不同交通工具的通行，并为行人和自行车提供足够的空间。此外，通过优化交叉口设计，规划师能够提高交叉口的通行效率，减少拥堵点的出现，从而改善整体的道路状况。

再次，对公共交通线路的评估至关重要。公共交通作为居住区域交通体系的重要组成部分，直接影响居民的出行便捷性。规划师应当深入了解公共交通线路的覆盖范围、频次、运行时间等关键因素。通过科学的评估，规划师可以确定是否需要优化现有线路，增加新的线路或站点，以提高公共交通的便捷性，使其更好地满足不同居民的出行需求。

最后，通过这样的多元化考量，规划师能够制定全面的交通规划建议，全面提升居住区域的交通便捷性，为居住者提供更为便利的出行体验。这种综合性的规划不仅考虑了交通流量、道路状况和公共交通，还注重了不同层面的交叉影响，从而更好地服务于社区的整体交通需求。

2.服务设施便捷性评估

首先，服务设施的便捷性评估涉及多个方面的服务，其中之一是教育。规划师需要深入分析教育资源的分布，包括学校类型、学科设置等。通过建立科学的评估指标，规划师能够全面了解不同区域的教育服务水平。考虑到不同年龄段的学生，规划师可以提供合理的学校布局建议，确保覆盖各个居住区域，使家庭更容易获得优质的教育资源。

其次，医疗服务设施的便捷性也是评估的重要方面。规划师需要分析医院、诊所、药房等医疗资源的分布情况，考虑到不同居民的健康需求。通过建立便捷性评估体系，规划师能够提供科学的医疗服务布局规划，确保每个居住区域都能方便地获得紧急医疗服务和常规医疗保健。

再次，购物设施的便捷性对于居住者的日常生活至关重要。规划师需要考虑超市、便利店、商场等购物场所的分布情况。通过分析不同区域的购物便捷性，规划师能够提供合理的商业设施布局建议，确保每个居住区域都有足够的购物选择，满足不同消费需求。

最后，服务设施的便捷性评估要综合考虑教育、医疗、购物等多个方面，确保居住区域内的居民能够方便地获取各类基本服务。通过科学的规划和便捷性评估，规划师能够提高服务设施的可达性，提升整个居住区域的生活质量。这种全面性的考虑有助于创造更为完善的城市居住环境，使居民能够享受到便利的公共服务。

3.社区设施便捷性评估

首先，社区设施的便捷性评估需要关注不同类型的设施，其中社区公园是至关重要的一部分。规划师应该考虑公园的分布，确保每个居住区域都有足够的绿地空间。通过科学的测量和分析，规划师能够提供公园布局的优化建议，满足不同居民的休闲和活动需求。

其次，娱乐中心的布局对社区的活力和吸引力至关重要。规划师需要评估娱乐中心的分布，确保它们能够服务到社区的不同区域。通过提供娱乐设施的多样性，规划师可以创造一个满足各个年龄层需求的社区环境，促进居民之间的互动和社交。

再次，社交场所的便捷性评估涉及餐厅、咖啡馆、社区中心等地点。规划师需要分析这些场所的分布，以确保它们在社区内的覆盖面广泛。通过建立社交场所便捷性评估体系，规划师可以提供合理的场所布局建议，促进社区内居民的交流与互动。

最后，社区设施的便捷性评估不仅仅关注设施的分布，还需考虑可达性和服务范围。

规划师可以通过引入先进的可达性分析工具，评估设施对不同居民的实际可达性，提供更为细致的规划方案。

综合考虑社区公园、娱乐中心、社交场所等多个方面的便捷性，规划师能够提供全面的社区设施规划建议，创造一个既丰富多彩又便利舒适的社区环境。通过精心设计和科学规划，社区设施的便捷性评估有助于提升社区居住体验，增进居民的生活满意度，促使社区成为一个更加宜居的居住地。

二、居住环境改善的策略与路径

（一）更新老旧小区的挑战与解决方案

1. 挑战：老旧建筑和设施陈旧

老旧小区面临建筑老化和设施陈旧的严峻挑战，这直接威胁着居住环境的品质和居民的生活质量。为了解决这一问题，规划师需要采取全面更新和现代化的解决方案。

首先，对老旧建筑进行建筑结构的更新是至关重要的。通过技术检测和评估，规划师可以确定老建筑的结构状况，进行必要的更新和维护，以确保其安全性和稳定性。这包括但不限于加固建筑框架、修补裂缝、更新外墙等工作，使老建筑焕发新的生命力。

其次，公共设施的改建也是解决老旧小区问题的重要一环。对于陈旧的水电供应系统、排水系统等公共设施，规划师应当进行全面更新和改建，以提高设施的使用寿命和效能。这不仅有助于居民日常生活的便捷，还能够提高整个小区的居住品质。

另外，绿化提升也是改善老旧小区环境的有效手段。规划师可以加强小区内的绿化工作，引入新的绿植，如树木、花卉等，以改善小区的景观和环境。绿化不仅美化了小区，还有助于改善空气质量，提升居住者的生活体验。

通过这些综合性的更新和现代化手段，规划师能够有效克服老旧小区面临的挑战，为居民创造一个更安全、更舒适、更宜居的居住环境。这不仅有助于提高居住者的生活品质，也符合城市可持续发展的整体目标。

2. 挑战：社区居民的抵触情绪

社区整体更新可能引发居民的抵触情绪，尤其是涉及搬迁和生活习惯改变的方面。为了有效解决这一挑战，规划师应采取居民参与和沟通的策略，以确保整个更新过程更加民主和透明。

首先，居民参与是解决抵触情绪的重要途径。规划师可以引入居民参与机制，开展座谈会、调查等活动，积极征求居民对于更新计划的意见和建议。通过与居民的直接互动，规划师能够更好地理解居民的需求和顾虑，确保更新计划更贴近实际需求，提高居民的参与感和满意度。

其次，信息沟通是减轻抵触情绪的有效手段。规划师应制定详细的沟通计划，通过多种渠道向居民传递更新计划的信息。这可以包括规划公告、社区通告、社交媒体等多样化的传播途径，以确保信息的全面覆盖。同时，规划师应及时解答居民的疑虑，提供清晰的解释，帮助居民理解整体更新对于社区的积极影响，降低他们的抵触情绪。

通过居民参与和信息沟通的双管齐下，规划师可以在整体更新过程中建立起与居民之间的信任和合作关系，确保更新计划的顺利实施，并为社区打造一个更现代、更宜居的居住环境奠定基础。

（二）公共服务设施的提升

1.挑战：公共服务设施不足

老旧小区存在公共服务设施不足的问题，这直接影响了居民的生活便利性。为了解决这一挑战，规划师可以采取设施增设和优化布局的综合策略。

首先，通过设施增设，规划师可以根据社区规模和居民需求，有针对性地增设一些关键的公共服务设施，如学校、医疗机构和文化设施等。这样的增设可以更好地满足居民的日常需求，提高社区的整体生活质量。

其次，布局的优化也是解决问题的关键。规划师应确保公共服务设施的布局合理，使其更加均衡地分布在整个小区。通过科学的规划，可以确保每个居民都能便利地享受到各类服务，避免了服务设施的集中和居民需求的不均衡。

这两方面的综合策略有助于提升老旧小区的整体公共服务水平，增强社区的居民满意度。通过规划师的努力，社区居民可以更便捷地获得教育、医疗和文化等方面的服务，从而提高他们的生活质量和社区融合感。

2.挑战：预算不足和资金来源问题

提升公共服务设施需要大量的资金投入，而预算不足是一个普遍存在的挑战。为了克服这一问题，规划师可以采取多元化融资和争取政策支持的解决方案，以确保足够的资金来源。

首先，多元化融资是解决预算不足问题的有效途径。规划师可以通过多种方式寻求资金，包括向政府申请拨款、吸引社会投资、推动公私合作等。通过灵活多样的融资途径，可以更好地满足不同项目的资金需求，确保公共服务设施的改善计划能够得以顺利实施。

其次，政策支持也是解决资金不足的关键。规划师可以争取政府相关政策的支持，如税收优惠、土地政策等。这样的政策支持有助于缓解公共服务设施的财政压力，为项目提供更为稳定和可持续的财政保障。

通过多元化的融资途径和政策支持的双重努力，规划师可以更有信心地应对预算不足的挑战，确保公共服务设施的升级和改善能够得以顺利实施，为社区居民提供更好的生活服务。

（三）交通配套的科学规划

1.挑战：交通流线不畅

老旧小区存在的交通流线不畅是一个显著的挑战，可能由布局不合理、道路狭窄等问题导致交通拥堵。为了解决这一问题，规划师可以采取交通规划和基础设施建设的综合方案，以改善交通状况。首先，通过道路优化来应对交通流线不畅的挑战。规划师可以进行科学规划，优化道路布局，增加交叉口，以提高道路通行的效率。通过科学的道路设计，可以有效缓解交通拥堵，提升居民的出行便捷性。其次，推广和优化公共交通系统也是改善交通流线的关键。规划师可以鼓励并优化公共交通系统，增加线路的覆盖面，提高公共交通的便捷性。这不仅有助于减少私人汽车的使用，降低交通拥堵，同时也提升了居民使用公共交通工具的舒适度和便捷性。

通过综合考虑道路优化和公共交通的推广，规划师可以有效地应对老旧小区交通不畅的问题，创造更为畅通和便捷的交通环境，提升居民的生活质量。

2.挑战：私人车辆过多

私人车辆过多可能导致停车难题，同时也增加了交通压力，为解决这一问题，规划师可以采取可持续交通推广的综合方案，从而降低居民对私人车辆的依赖，创造更为可持续的交通环境。首先，鼓励步行和骑行是减少私人车辆使用的有效途径。规划师可以设立步行道和自行车道，提供安全、便捷的步行和骑行通道，以鼓励居民采用这些可持续出行方式。通过优化道路结构，规划师可以创造更适合步行和骑行的城市环境，减轻私人车辆对交通系统的压力。其次，推广共享交通工具也是降低私人车辆使用的重要手段。规划师可以引入共享单车、电动滑板车等共享交通工具，以提供更灵活的交通选择。共享交通不仅能够减少车辆数量，还能够提高资源利用效率，减少交通拥堵问题。

通过综合推广步行、骑行以及共享交通工具的方式，规划师可以有效降低私人车辆的数量，缓解停车难题，同时减轻城市交通的压力，为居民创造更为可持续的交通选择。

第三节 多元化居住模式与社区共享设施

一、多元化居住模式的推动

（一）城市居住模式的背景与需求

城市居住模式的形成受到多方面因素的影响，其中人口结构的多样性是其中一个关键因素。

1.人口结构的多样性

首先，规划师在深入了解城市的人口结构时，需要考虑不同年龄段的人口分布。不同年龄阶段的人在居住环境需求上存在显著差异。对于青年群体而言，社交与娱乐设施可能是关键因素，他们更倾向于生活在便利的城市中心，周边设有咖啡馆、酒吧和文艺活动场所。因此，在规划中，可以考虑在这些区域增加文化创意产业、社交空间，以满足年轻人对于文化、社交和娱乐的需求。

其次，规划师需要关注家庭类型的多样性。城市中存在各种家庭结构，包括单身居民、家庭主妇、双职工家庭等。这些不同类型的家庭对居住环境的需求也存在差异。例如，双职工家庭可能更关心周边的便利设施和学校，而家庭主妇可能更注重社区的安全性和生活便捷性。规划师在考虑家庭多样性时，可以通过合理布局不同类型的住宅区域，满足不同家庭结构的居住需求。

再次，规划师需要了解居民的居住需求。通过社会调查和市场研究，规划师可以获取居民对于居住环境的具体期望。一些人可能更偏好绿树成荫的住宅区，而另一些人可能更青睐现代化的高层建筑。了解不同居民的喜好和需求，有助于规划师精准地制定多元化的居住规划，以满足城市居民多样性的居住期望。

最后，通过科学的人口统计和社会调查，规划师可以获得详细的人口结构信息，为城市的多元化居住模式提供有力的背景支持。这些信息不仅可以用于制定长期的城市规划，还能够为特定区域的精准规划提供依据，确保城市的居住环境能够在不同人口群体之间实现平衡，创造更为包容和宜居的城市空间。

2. 家庭结构和居住需求

首先，规划师需要深入分析城市中的不同家庭结构。单身人士、年轻家庭、老年人等各种家庭类型在居住需求上存在显著差异。对于单身人士而言，他们可能更偏好小型单身公寓或共享型住宅，注重社交空间和便利的交通。年轻家庭可能更需要拥有多间卧室的住宅，附近有优质学校、公园和娱乐设施。而老年人则可能更倾向于安全性高、便捷的社区，配有医疗和休闲设施，以满足他们的日常生活和健康关切。

其次，规划师在制定住房方案时应考虑不同家庭结构的居住需求。为满足年轻家庭的需求，规划师可以规划大面积的绿地和公园以及儿童游乐区，同时确保附近有优质的学校。对于老年人，规划中可以加强医疗设施的布局，设计无障碍通道，提供社交活动场所，以促进老年居民的社交互动和健康关怀。

再次，安全性是各类家庭都关心的一个方面。规划师需要考虑社区的治安情况，规划适当的照明设施和监控设备，以提高居民的安全感。对于年轻家庭和老年人来说，社区内的治安状况尤为重要，因此规划中可以加强社区巡逻和安全管理。

最后，规划师在制定住房方案时应当注重灵活性和可持续性。因不同家庭结构在不同生命周期内的需求变化较大，规划师可以考虑推动多功能住房设计，以适应家庭结构的动态变化。此外，提倡可持续建筑设计和社区规划，促使城市居住环境在满足不同家庭需求的同时，实现资源的有效利用和环境的可持续性发展。

通过深入了解不同家庭结构的居住需求，规划师能够有针对性地提出多元化、创新型的住房方案，为城市创造更为宜居和适应性强的居住环境。

3. 职业分布与居住地选择

首先，规划师需要深入了解城市中不同职业群体的分布情况。通过搜集和分析就业数据与人口普查信息，规划师可以绘制城市中各行业的职业热点地图。这有助于揭示不同职业在城市内的集聚区域，为后续的居住规划提供重要依据。

其次，规划师应该了解不同职业群体对居住环境的偏好。商业区从业者可能更喜欢城市核心区域，因为其邻近办公区域，便于缩短通勤时间。相反，创意从业者可能更倾向于选择靠近艺术和文化中心的住宅区域，以获得更富创意氛围的居住环境。通过居民调查和职业群体的访谈，规划师可以深入了解其对于居住地选择的动机和期望。

再次，规划师在制定居住规划时应考虑不同职业群体的特殊需求，为商业区从业者提供便捷的交通和丰富的商业设施，为创意从业者提供艺术文化场所和创意工作室，能够满足不同职业群体在居住环境上的差异化需求。此外，规划中还可以考虑混合用途的居住区域，使不同职业群体可以在同一社区内享受多元化的生活体验。

最后，规划师可以通过制定相应政策来引导和促进不同职业群体的居住多样化。例如，通过推动开发商在城市中心区域建设灵活多样的住宅楼盘，为商务人士提供高品质的住所。同时，规划中可以鼓励在文化艺术区域引入住宅项目，满足创意从业者对于独特文化氛围的追求。

这三个方面的深入分析为规划师提供了城市居住模式多元化的基础，使其能够更加科学、合理地制定城市发展规划，满足不同人群的居住需求，提升城市居住品质。

（二）合理布局与多元选择

城市规划的精准性和提供多样化的居住选择是推动多元化居住模式的关键策略。

1.城市规划的精准性

（1）科学规划原则

城市规划的第一步是确立科学规划原则。规划师需要通过深入研究城市的地理、人口分布、经济结构等方面的数据，确保规划的精准性。科学规划原则为城市的持续发展提供了坚实的基础。

（2）居住区域布局

精准的城市规划应该涵盖不同类型的居住区域，如住宅区、商业区、文化区等。规划师需要合理布局这些区域，使其形成协调有序的城市结构。例如，在商业区周边规划适宜居住的区域，以提供便利的生活配套。

（3）周边配套设施

城市规划必须考虑周边配套设施的合理布局。规划师要确保不同居住区域附近有足够的教育资源、医疗服务、文化设施等，满足居民多样化的需求。这种细致入微的规划可以提高城市的整体宜居性。

2.多样化的居住选择

（1）传统住宅区

针对追求安静、舒适生活的家庭，规划师应当在城市规划中划定传统住宅区。这些区域可能拥有绿化丰富的社区公园，注重社区共建共享。

（2）高层公寓

针对单身人士或追求现代化便捷的居民，规划师应确保在城市不同区域规划高层公寓。这些公寓可能位于商业繁华区域，方便居民的工作和社交活动。

（3）共有产权住房

为了满足低收入群体的居住需求，规划师需要在城市规划中考虑共有产权住房。这种房产模式可以通过政府支持和社区合作，提供经济适用房，促进社会平等和可持续发展。

通过提供多样化的居住选择，城市可以更好地满足居民多元的生活方式和价值观。这不仅促进了城市的社会融合，也提高了城市的整体竞争力。合理的城市规划是实现这一目标的关键。

（三）居住适应性的提升

城市规划师在提升居住适应性方面应该综合考虑交通、公共服务设施和社区互动空间等多个维度，以打造更宜居的城市环境。

1.便捷的交通网络

（1）交通网络规划

交通是影响城市居住适应性的核心因素之一。规划师应该设计和优化城市的交通网络，确保不同居住区域与商业中心、教育区等主要场所之间的联系畅通无阻。这包括合理规划道路布局、设置交叉口，以提高交通流畅度。

（2）可持续交通方式的鼓励

为了减少居民对私人汽车的过度依赖，规划师需要鼓励和支持可持续的交通方式，如步行、骑行和公共交通。通过建设步行道、自行车道，并优化公共交通线路，提高这些可持续出行方式的便捷性，从而降低城市交通压力，改善居住适应性。

2.完善的公共服务设施

（1）基础公共服务设施

提升居住适应性需要建设完善的公共服务设施。规划师应确保不同居住区域周边有足够的学校、医疗机构、文化设施等基础服务设施。这不仅为居民提供了便利，还提高了城市的整体生活水平。

（2）数字化智能设施

在现代城市规划中，数字化智能设施也是提升居住适应性的重要手段。例如，通过建设智能化的医疗服务平台、在线教育资源，规划师可以提供更智能、便捷的公共服务，满足居民个性化的需求。

3.社区互动空间的创造

（1）公共空间设计

社区互动空间是提高居住适应性的重要环节。规划师应注重社区公共空间的设计，包括公园、广场、社区中心等。这些空间可以成为居民休闲娱乐的场所，促进社区内居民的互动。

（2）文化活动的鼓励

通过鼓励文化活动，规划师可以增加社区互动的机会。例如，定期举办文艺演出、社区集市等活动，吸引居民参与，促进社区凝聚力的形成。

通过在交通、公共服务设施和社区互动空间等方面进行有机规划，城市可以提升居住适应性，创造更宜居、宜人的居住环境。这种多元维度的考虑是实现城市可持续发展的关键。

二、社区共享设施的规划与建设

（一）共享设施的社区价值

1.社区互动平台

社区共享设施的意义不仅仅在于提供服务，更在于充当社区居民交流与合作的重要平台。这包括了共享办公空间、健身设施、图书馆等多元设施，它们共同构成了社区互动的平台，为居民提供了共同的聚居空间。在这些共享设施中，居民们可以自由聚集，共同参与各种活动，无论是工作、学习还是健身，都能在这个共享的空间里找到合适的场所。

这种共享设施的存在，促进了邻里之间更为紧密的交往。例如，共享办公空间不仅是一个工作区域，更是不同行业、不同专业的人们相遇的场所，为业务合作、知识共享创造了机会。健身设施成为居民共同锻炼和保持健康的场所，居民们通过运动互动，加深了彼此之间的了解。而图书馆则成为文化知识的交流中心，人们在阅读、学习的过程中建立了更为深厚的社区联系。

这样的社区互动平台不仅仅是提供了各类服务，更是促进了居民们的社交和协作。社区凝聚力在这个过程中逐渐增强，居民们建立了更为紧密的社区关系。共享设施不再只是冷冰冰的服务提供者，而是充满了生机和活力的社区互动平台，为居民们创造了更加丰富和有意义的社区生活。

2.社交型的居住环境

通过巧妙规划共享设施，规划师能够营造一个更加社交型的居住环境，从而消除居民之间的陌生感，促进社区的友好氛围，使居住者更快融入社区。共享设施的设置并不仅仅是为了提供各类服务，更是为了创造一个能够促进社交的共同空间。

在这个社交型的居住环境中，共享设施如共享办公空间、健身设施、图书馆等成为邻里互动的重要场所。居民们在这些设施中共同参与各种活动，不同的人群因此得以相遇，为彼此之间的交流搭建了桥梁。共享办公空间不仅提供了独立工作的场所，更为居民提供了一个可以交流和分享想法的平台。健身设施成为人们锻炼身体、互相激励的地方，拉近了居民之间的距离。图书馆不仅是阅读和学习的场所，更是知识分享和讨论的空间，为社区居民提供了一个共同的文化中心。

这种社交型的居住环境有助于打破居民之间的孤立感和陌生感。居民们在这些共享设施中可以建立更为深厚的社区关系，形成一个更加紧密团结的社区群体。这不仅使社区成了一个生活场所，更是一个居住者能够真正融入的社交空间。共享设施的社交性不仅改善了社区居住者的居住体验，也为社区的可持续发展奠定了更为牢固的基础。

（二）设施布局与多样性

1. 智能布局设计

智能布局设计是确保共享设施能够服务社区各个区域的关键。规划师通过巧妙的智能布局，旨在实现设施的均匀分布，以确保社区的每个居民都能便捷地利用各类共享设施。这种布局设计考虑到社区内不同区域的居民需求和人口密度，旨在为整个社区创造一个便利而平衡的居住环境。

通过智能布局，规划师可以将共享设施合理地分散到社区的各个角落，使得每个设施都能够覆盖到尽可能多的居民。例如，将健身设施布置在社区的中心区域，确保周边居民都能方便地前往。将图书馆或学习交流区域放置在社区的学区附近，以服务那些有学龄子女的家庭。同时，对于社区的商业中心，规划师可以考虑引入共享办公空间，以促进商业活动和社交互动。

智能布局设计还可以通过科技手段，如利用数据分析和人流热度图等工具，更加精准地了解居民的活动习惯和需求。这样的智能设计不仅能够提高设施的利用率，还能为规划师提供有针对性的改进建议。通过合理的智能布局，社区内的共享设施将更好地服务于居民，创造出一个更为宜居和便捷的居住环境。这种智能布局的设计理念有助于提升社区的整体居住体验，促进社区的可持续发展。

2. 多样性共享设施

提供多样性的共享设施是确保社区居住环境多元性的至关重要的一环。在规划中，必须全面考虑不同居民群体的需求，以确保共享设施的多元性。这包括但不限于儿童游乐区、社交休闲区、学习交流区等多样的设施类型，以满足社区内各个年龄层和兴趣群体的需求。

首先，儿童游乐区的设立是对社区家庭的关键考虑。通过提供安全、有趣的游乐场所，规划师可以创造一个适宜儿童成长的环境，促进家庭共享时光。这种设施不仅可以满足儿童的娱乐需求，也为家长提供了一个社交平台，增进邻里之间的互动。

其次，社交休闲区的设置有助于促进社区内居民之间的交流。这可以包括公园、休闲广场等公共场所，为居民提供一个放松身心的地方。规划这些区域时，需考虑到不同年龄层次的需求，例如为年轻人提供户外健身设施，为中老年人提供休息椅等，以确保社交休闲区的多元性。

最后，学习交流区的设立对于提升社区的知识水平和文化氛围至关重要。图书馆、学习中心等设施的引入，为居民提供了学习、阅读和交流的场所。这不仅满足了学生和学者的需求，也为整个社区提供了文化共享的机会，促进了社区居民的知识传递和文化活动。

总体而言，提供多样性的共享设施不仅能够满足社区居民的多元需求，还能够增强社区的凝聚力和社交性。通过规划各类设施，社区将更好地反映多元文化，创造一个更加丰富和有趣的居住环境。这种多元性的共享设施设计有助于提升社区的整体居住体验，使其更具吸引力和可持续性。

（三）文化氛围的培育

1. 引入文艺活动

通过引入多样的文艺活动，如艺术展览、文学沙龙等，规划师可以有效地活跃社区的文化生活，为居民提供更为丰富多彩的社区体验。这种文艺活动的引入对于社区文化的培养和居民的文化素养的提升具有显著的作用，进而增强了共享设施的社区认同感。

首先，艺术展览的举办是推动社区文化生活的有效途径。规划师可以通过设立艺术画廊、雕塑园区等设施，为当地艺术家提供展示平台，同时也为居民带来艺术的享受。这种文艺活动不仅促进了社区内艺术氛围的建设，也为居民提供了欣赏和参与的机会，从而形成了一个更具文化底蕴的社区氛围。

其次，文学沙龙的开展是促进居民阅读和交流的有益方式。规划师可以设计并引入图书馆、文学交流中心等设施，组织书籍推广、作家座谈等文学活动。通过这样的文艺活动，社区居民得以拓宽视野、交流思想，形成更加紧密的群体关系，提高了社区的社会互动性。

通过引入这些文艺活动，社区能够建立更为丰富的文化生活格局，让居民在家门口就能够享受到多样的文化体验。这种积极的文艺活动对于提高居民的文化素养、增强社区凝聚力和社区认同感都有着显著的积极作用。

总体而言，引入文艺活动是共享设施规划中的一项重要策略，通过活跃社区文化生活，增进居民之间的交往与合作。这不仅提高了社区内的文化氛围，也使共享设施更好地融入社区，为居民创造了一个更具社会性和文化性的居住环境。

2. 社区活动的组织

定期组织多样化的社区活动是培育社区活力的重要手段，例如社区志愿服务、文化庙会等，这些活动有助于拉近居民间的距离，增强社区凝聚力。规划师在社区共享设施的布局和社区活动的推动中发挥着关键的作用，通过巧妙的设计和组织，能够有效激发居民的参与热情，从而形成积极向上的社区文化氛围。

首先，规划师应注重社区设施的布局与多样性，使其成为社区活动的有力支持。设施的位置要能够为各类社区活动提供便利，确保活动场地的合理分布，覆盖社区不同区域，让更多的居民能够方便地参与。多元性的共享设施，如会议室、多功能活动场地等，能够适应不同类型的社区活动需求，为社区活动提供丰富的场地选择。

其次，规划师在组织社区活动时应注重活动的多样性和针对性。社区志愿服务、文化庙会、主题派对等各类活动可以形成丰富多彩的社区文化生活，吸引不同兴趣和年龄层的居民参与。通过有针对性的活动组织，规划师能够更好地调动居民的积极性，促使他们更主动地融入社区，提升社区的整体凝聚力。

最后，规划师还可以通过制定奖励机制、建立社区组织或委员会等方式，激发居民的参与欲望。这些组织形式可以帮助居民更好地组织和参与社区活动，从而更好地发挥社区的力量，形成更为积极向上的社区文化氛围。

　　总体而言，规划师在社区共享设施的设计和社区活动的组织中，都扮演着重要的角色。通过巧妙的规划和组织，能够有效地培育社区活力，使居民更愿意参与并共同建设更加温馨的家园。

第七章 城市更新与历史文化保护

第一节 城市更新与旧城改造

一、城市更新的动因与目标

（一）动因的多方面涉及

1. 基础设施老化的紧迫性

首先，基础设施老化对城市的影响是多方面的。交通网络的老旧不仅导致交通拥堵和效率低下，还可能引发交通事故，危及市民的生命安全。同时，老化的水电管道存在泄漏和损耗问题，影响城市供水和供电的稳定性，可能导致供水中断和电力故障。因此，城市更新迫切需要解决这些基础设施老化带来的紧迫性问题。

其次，基础设施老化直接关系到城市的竞争力和可持续发展。在全球化竞争的背景下，城市需要具备先进而稳定的基础设施来吸引投资和人才。老化的基础设施不仅会使城市失去吸引力，还可能导致企业的流失和市场份额的下降。因此，城市更新是提升城市整体竞争力、推动可持续发展的重要途径。

再次，基础设施老化也与城市的生态环境保护密切相关。陈旧的交通系统可能引发过多的尾气排放，污染空气质量；老化的水电管道可能导致水资源浪费和环境污染。通过城市更新，可以引入更环保、智能化的基础设施，提高城市的生态可持续性，促进环境友好型城市的建设。

最后，基础设施老化也影响城市社会经济的健康发展。老旧的基础设施限制了城市的产业升级和经济结构的优化。通过城市更新，可以引入先进的科技和智能系统，推动城市的创新发展，提升城市的经济活力。

因此，基础设施老化的紧迫性不仅仅体现在对城市生活质量和市民安全的威胁上，更关系到城市的整体发展和可持续性。通过科学规划和实施城市更新项目，可以有效解决基础设施老化问题，促进城市的全面发展。[7] 这需要政府、企业和居民的共同努力，形成合力，推动城市更新事业取得更为显著的成果。

2. 社会经济结构的调整

首先，社会经济结构的调整是城市发展的内在需求。随着时代的变迁和科技的发展，不同产业领域的兴衰交替迅速，城市面临着产业结构的调整挑战。一些传统产业可能因为技术更新、市场需求变化而陷入衰退，导致部分地区的经济滞后。通过城市更新，可以积极引入新兴产业、高科技产业，推动社会经济结构的转型，使城市更好地适应当代经济发展的要求。

其次，社会经济结构的调整与人才流动和产业集聚密切相关。城市作为人才聚集的重要地区，吸引了大量的优秀人才。然而，如果城市的产业结构无法满足这些人才的职业需求，可能会导致人才流失和社会经济的不平衡发展。城市更新可以通过引入更具吸引力的产业、提供更多的就业机会，留住和吸引更多优秀的人才，促进城市的社会经济结构得以良性调整。

再次，社会经济结构的调整与城市的可持续发展密切相关。一些传统产业的过度开发可能导致资源枯竭和环境恶化。城市更新可以通过引入绿色产业、环保科技等方式，推动经济结构向生态友好型方向调整，实现可持续发展目标。这样的经济结构调整不仅有助于提升城市的环境质量，还有利于经济的长期健康发展。

最后，社会经济结构的调整需要政府、企业和社会各界的协同努力。政府在城市更新中发挥着引导和规划的作用，通过制定相关政策和提供支持，推动产业结构的合理调整。企业则需要积极响应政府的政策，进行技术创新和产业升级，实现自身可持续发展。社会各界应当加强协作，形成良好的发展合力，共同推动城市社会经济结构的调整。

（二）目标的明确性与全面性

1. 提升居住环境

首先，提升居住环境的核心在于改善基础设施。老旧的交通网络、水电管道等基础设施的陈旧化是城市更新的紧迫任务。通过对交通道路的重新规划和升级，以及对水电管道的修复和更新，可以有效提高城市的基础设施水平，确保市民在日常生活中拥有更加安全、便捷的服务。

其次，绿化环境的提升是提高居住环境质量的重要手段。通过增加绿地覆盖率、植树造林，城市可以创造出更为宜人的生态环境。绿化不仅美化城市面貌，还有助于改善空气质量、减缓城市热岛效应，提升市民的生活舒适度。合理规划公园、绿道等绿化设施，使市民能够在自然环境中休闲娱乐，促进身心健康。

再次，交通体系的优化是提升居住环境的关键因素。通过建设便捷的公共交通系统、改善道路网络，可以缓解交通拥堵问题，提高居民的出行便利性。此外，规划鼓励步行和自行车出行，设计人性化的交通系统，使居民更加方便地在城市中移动，促进社区的互联互通。

最后，社区设施的健全与完善是提升居住环境不可忽视的方面。医疗机构、学校、购物中心等基本社区设施的合理布局和完备建设，能够满足居民的日常需求，提高社区的宜居性。规划师可以通过科学规划，确保社区内各类设施的覆盖面和服务质量，从而为市民提供全面的生活支持。

在实施居住环境提升的过程中，需要政府、企业、社区居民等多方合作。政府可以制定相关政策，提供资金支持，引导城市更新朝着更为可持续的方向发展。企业可以积极参与社区建设，推动更新项目的实施。而社区居民的积极参与和合理建议也是确保提升居住环境成功的关键。通过共同努力，城市更新能够实现更为全面、系统的居住环境提升，使市民享受到更好的生活品质。

2. 优化空间利用

城市更新旨在优化空间利用。科学规划的实施可以充分利用城市空间，提高土地利用效率，实现城市功能的多元化和互动性。

二、旧城改造的文化与历史保护

（一）文化和历史保护的重要性

1. 深入研究历史渊源

首先，深入研究城市的历史渊源是旧城改造的基础工作。规划师应当仔细阅读相关历史文献、地方志和城市规划档案，全面了解城市的发展历程、演变过程以及重要历史事件。通过对城市历史的深入挖掘，规划师能够掌握旧城区的发展脉络，把握城市演进的主线，为规划提供历史支撑和依据。

其次，规划师需要关注旧城区的文化积淀。通过研究历史遗存、古迹和传统建筑，规划师可以理解旧城区的文化底蕴。这包括但不限于历史建筑、古老街巷、传统手工艺等方面，深入挖掘城市的文脉和特色。规划师还应了解城市的民俗文化、传统产业等，这些都是旧城区独有的文化元素，对于后续改造保护工作具有重要指导意义。

再次，规划师要认真考察旧城区的历史价值。历史价值不仅仅体现在建筑物本身，还包括建筑物与历史事件、文化传承等方面的联系。规划师可以通过专业的考古调查和历史研究，评估旧城区内各类历史遗迹的价值，确保在改造过程中保留有代表性和价值的历史要素。

最后，规划师需要充分了解当地居民对于历史文化的认同和期望。通过与居民的沟通和座谈，规划师能够获取更为基层的历史记忆和社会反馈。这有助于制定更符合居民需求、更能得到社会认同的旧城改造规划。规划师还应促使居民参与历史文化的保护和传承，形成一种共建共享的城市文化氛围。

总的来说，深入研究历史渊源是旧城改造过程中不可或缺的环节。只有通过全面的历史调查和文化研究，规划师才能够更好地制定出符合城市历史特色、具有可持续性的改造方案，实现对旧城区的文脉传承和历史价值的有效保护。

2. 城市更新与文化传承的有机结合

首先，城市更新与文化传承的有机结合体现在对历史建筑的保护上。在城市更新过程中，规划师应该制定明确的保护政策，确保历史建筑得到妥善维护和修复。这涉及对建筑结构、建筑风格、历史用途等方面的详尽研究，以确保修复工作的准确性和还原度。通过保护历史建筑，不仅能够延续城市的历史记忆，还能够为居民提供具有文化厚重感的居住环境。

其次，规划师需要重视传统街巷的保护与再造。许多城市的老街巷承载着丰富的历史文化，是城市传统的代表。在城市更新中，规划师可以通过修复老街巷的古老建筑、铺设传统材质的街道、恢复传统商业等手段，使老街巷焕发新的生机。这种保护与再造的方法不仅能够保留传统文化，还有助于吸引游客，推动当地经济发展。[8]

再次，城市更新还可以通过文化活化的手段，将传统文化元素融入现代城市设计中。规划师可以借鉴传统文化的元素，如传统工艺、民俗风情等，将其融入新的建筑设计、公共空间布局中。这样的文化活化不仅能够为城市注入新的生机，也为传统文化注入了现代元素，使之更具包容性和时代感。

最后，规划师需要引导社区居民参与文化传承。通过组织文化活动、举办文化节庆等形式，鼓励居民亲身参与，感受并传承城市的历史文化。社区居民的参与能够形成一种共同的文化认同，增强社区凝聚力，使文化传承不再是一项孤立的工作，而成为城市更新中社区共建的一部分。

总体而言，城市更新与文化传承的有机结合需要规划师在实际工作中充分考虑历史、文化和社区居民的需求。通过对历史建筑和传统街巷的保护、文化元素的融合与活化以及社区居民的参与，城市更新可以实现对城市文脉的传承和创新，为城市的可持续发展奠定基础。

（二）保护措施的制定与重要性

1. 修复和改造具有文化价值的建筑

首先，对于具有文化价值建筑的修复，规划师需要进行详细的建筑文献研究和历史调查。这一步骤涉及对建筑的结构、建造年代、设计风格等方面进行深入了解，以确保修复工作的历史还原性和准确性。通过分析建筑的历史变迁，规划师可以制定出切实可行的修复方案，保留并弘扬建筑的文化价值。

其次，规划师需要制定科学合理的修复计划。这包括对建筑结构、外立面、室内空间等方面的细致规划。在修复过程中，需要综合考虑文化价值、功能需求和结构安全等因素，确保修复后的建筑既能够恢复原有的历史面貌，又能够满足现代社会的使用需求。科学合理的修复计划是保证具有文化价值的建筑得以恢复并融入城市新形象的关键。

再次，规划师在建筑的改造中需要注重可持续性。考虑到建筑的长期维护和使用，规划师可以引入现代的建筑技术和材料，提升建筑的节能性和环保性。这不仅有助于延长建筑的使用寿命，还符合当代社会对于可持续发展的需求。

最后，规划师需要积极参与社区居民的意见收集和沟通。具有文化价值的建筑往往是社区的重要文化符号，居民对于其修复和改造有着深厚的情感。规划师可以通过座谈会、问卷调查等方式，征集社区居民对建筑的看法和建议。充分考虑社区的声音，可以使修复和改造更符合当地文化特色和居民的期望，提高项目的可接受性和社区的认同感。

2.政策制定保障历史文化传承

首先，政策制定在历史文化传承中的角色不可忽视。制定政策是为了规范并推动历史文化的传承工作。其中，建筑修复政策是确保历史建筑得到妥善保护和修复的核心内容。政策制定者需要仔细考虑修复工程的技术标准、文物保护的原则以及修复过程中的监督机制。建立科学合理的修复政策，能够为历史文化建筑的修复提供明确的指导方针，确保修复工作既符合文物保护法规，又能够满足实际的修复需求。

其次，政策制定还需要关注历史保护区的设立。历史保护区的设立是通过法定手段将具有历史文化价值的区域划定出来，并在该区域内实施一系列的文物保护政策。这包括限制新建建筑的高度、密度，规范广告牌的设置，甚至可能禁止在该区域进行大规模的土地开发。通过历史保护区的设立，政策制定者能够在法律上对历史文化区域进行有效保护，避免过度的城市发展对历史文化环境的破坏。

再次，政策制定需要关注文化产业的发展。制定鼓励文化产业的政策，可以促使历史文化资源更好地融入城市发展。政策制定者可以通过税收优惠、资金支持等手段，鼓励文化创意产业在历史文化区域落地发展。这有助于激发历史文化资源的活力，推动文化传承与城市经济的双赢。

最后，政策制定者需要注重社区参与。通过制定鼓励社区参与的政策，政策制定者可以倡导居民对历史文化传承的关注和参与。例如，可以设立文化遗产保护基金，支持社区举办历史文化活动，鼓励居民参与文化传承的志愿工作。社区参与政策的制定有助于凝聚社会共识，形成历史文化传承的社会共同体。

（三）文化活动策划的重要性

1.唤起市民对历史文化的认同感

首先，规划师在唤起市民对历史文化的认同感方面，应注重文化活动的策划与设计。文化活动作为传递历史文化信息的载体，需要通过合理的设计来吸引市民的参与和关注。策划者可以考虑结合当地的历史文化特色，制定多样化、富有创意的文化活动方案，以确保其吸引力和感染力。例如，可以组织主题明确、富有故事性的历史文化巡展，通过图文并茂的展览和现场演示，向市民展示丰富的历史文化内涵。

其次，规划师在文化活动中应强调参与性和互动性。通过设置互动环节、体验区域等形式，引导市民亲身参与文化活动，使他们在参与的过程中更深刻地感受历史文化的魅力。例如，可以设置模拟传统手工艺制作的工作坊，让市民亲自动手体验传统工艺的魅力，从而拉近历史文化与市民的距离。

再次，规划师可以通过合理的时间安排和场地选择，优化文化活动的效果。选择具有历史文化意义的场地，如古建筑、历史街区等，能够使文化活动更好地融入历史环境，增加活动的历史感和文化氛围。同时，考虑到市民的工作和生活习惯，要合理安排文化活动的时间，使更多市民能够参与其中，提高活动的影响力。

最后，规划师在文化活动策划中要考虑到多元文化的融合。在文化活动中，可以设计涵盖不同历史时期、不同文化元素的内容，以满足多样性的市民群体的需求。例如，可以组织融合传统与现代元素的文化节庆，通过多元的表现形式，使不同年龄、不同文化背景的市民都能找到共鸣点，增进对历史文化的认同感。

2.推动文化的传承和发展

首先，推动文化的传承和发展需要规划师深入挖掘当地的历史文化资源。通过系统性的文化调研，规划师可以全面了解城市的历史渊源、传统工艺、习俗风情等方面的文化特色。这种深入挖掘将为文化活动的策划提供充分的素材和内涵，使其更具深度和广度。

其次，规划师在推动文化传承和发展时需要注重跨学科的合作。联合文化专家、历史学者、艺术家等多领域的专业人士，形成跨学科的研究与策划团队，共同参与文化活动的制定和实施。这样的合作模式可以充分融合不同领域的智慧和经验，使文化活动更具专业性和学术价值。

再次，规划师需要结合城市更新规划，将文化传承与城市发展相互融合。通过将文化元素融入城市更新的规划中，使得传统文化不仅仅是表面的展示，更是深度融入城市的发展脉络。例如，在建筑设计中融入传统建筑风格，或者在城市公共空间设置与传统文化相关的雕塑、景观等元素，将传统文化与城市形象有机结合。

最后，规划师要注重文化活动的可持续性发展，不仅要考虑一时的展示效果，更要思考如何将文化传承贯穿于城市的日常生活中，使之成为市民生活的一部分。这可以通过建设文化设施、支持文化产业发展、鼓励文艺创作等手段来实现，使文化传承成为城市更新的长期目标。

在推动文化的传承和发展过程中，规划师既要策划文化活动，又要引领文化融入城市更新规划，同时要关注文化的可持续性发展，确保传统文化在城市更新中得到充分的传承和发展。这样的综合性工作能够使文化传承不仅仅是一时的热点，更是城市更新的有机组成部分。

（四）旧城改造的城市文脉传承

1.深度的文化和历史保护

首先，深度的文化和历史保护需要规划师进行详尽的文化资源调查和建筑文物鉴定。通过系统性的文化考古、文物鉴定等工作，规划师可以全面了解城市的历史文化遗存和建筑遗产，确定哪些具有文化价值的元素需要被保护。这种深入的文化保护工作是保障城市更新项目在历史文脉中顺利推进的前提。

其次，规划师需要制定科学的文化遗产保护规划。通过明确文化遗产的保护范围、级别，制定相应的保护政策和技术标准，确保文化遗产得到细致入微的保护。例如，对于历史建筑，可以制定修缮标准；对于传统街区，可以规定保护范围和建筑外立面的保护要求。这样的规划使文化保护工作更有条理性和可操作性。

再次，规划师需要注重技术手段的创新与应用。在文化和历史保护中，新型的技术手段如激光扫描、数字建模等可以被广泛应用。这些先进技术能够为文物修缮、文化遗产保存提供更为精确和高效的工具，保障文化保护工作的深度和全面性。

最后，规划师要注重与社区居民的沟通和参与。在文化保护过程中，社区居民通常是最直接的受益者和关注者。规划师需要通过座谈会、听证会等方式，听取居民对于文化遗产的意见和建议，使他们成为文化保护的参与者和监督者。这样的社区参与不仅促进了文化保护工作的深度，也增强了居民对城市更新的认同感。

通过进行详尽的文化资源调查，制定科学的文化遗产保护规划，注重技术手段的创新与应用，以及社区居民的积极沟通与参与，规划师可以深度融入文化和历史保护工作中，使城市更新项目在保持历史文脉传承的同时实现现代城市功能的提升。

2. 保留历史记忆与可持续发展的基础

首先，保留历史记忆与可持续发展的基础需要规划师深入挖掘城市的历史渊源，了解各个历史时期的文化、社会和经济背景。通过历史研究，规划师能够全面了解城市的演变过程，识别出具有代表性和文化价值的历史元素。这样的深入研究为制定科学合理的保护策略提供了坚实的理论基础。

其次，规划师需要在城市更新规划中充分考虑文化遗产的保护。通过明确文化遗产的保护范围和等级，制定详细的修缮和保护方案，确保历史建筑、传统街区等受到妥善保护。在城市更新的过程中，规划师可以提倡采用先进的保护技术，如数字化保护、修复技术等，以确保历史元素的完整性和真实性。

再次，规划师需要将文化保护融入城市的整体规划中。通过合理布局历史建筑、文化景观，规划师可以实现城市更新和文化保护的有机结合。例如，在城市中心区域保留具有代表性的历史建筑，打造文化公园和文化街区，使历史元素成为城市发展的亮点。这样的规划能够在城市更新的同时保留历史记忆，为城市的可持续发展奠定坚实的文化基础。

最后，规划师需要通过教育和宣传活动引导市民关注与理解历史文化的重要性。通过开展历史文化讲座、举办文化活动，规划师可以增强市民对于城市历史的认同感，激发他们参与文化保护的热情。这样的社会参与是保留历史记忆与可持续发展中不可或缺的一环。

通过深入研究历史渊源，在城市更新规划中充分考虑文化遗产的保护，将文化保护融入整体规划，最后通过教育和宣传活动引导市民关注，规划师能够保留城市的历史记忆，为可持续发展奠定坚实的文化基础。

第二节　历史文化遗产保护与传承

一、历史文化遗产的价值认知

（一）影响城市形象的深远作用

1.历史文化遗产的独特价值

历史文化遗产在城市形象发挥的深远作用中具有独特的价值。古老建筑和传统街巷为城市带来了独特的面貌，勾勒出独有的文化特色。这些历史建筑不仅是城市的物质载体，更承载着丰富的历史信息和人文内涵，成为城市文化的重要符号。透过这些古老建筑，人们能够窥见城市漫长而丰富的过往，感受到历史的延续与传承。这样的文化遗产不仅仅是建筑的集合，更是城市的记忆之所在。

这些历史文化遗产成为城市的历史见证，为城市赋予了独有的韵味和氛围。它们承载着岁月的沉淀，记录了城市发展的轨迹，是过去时光的凝固。通过它们，人们能够与城市的历史产生更为深刻的情感联系。这样的连接不仅是对城市的认同，更是对过去时光的敬畏。历史文化遗产的存在，使城市在现代化的进程中保持了一份独特的文化底蕴，赋予城市以深远的历史内涵。

此外，历史文化遗产对社会认同感和归属感的建立也具有重要作用。市民通过与历史文化的联系，建立起对城市的认同感，将自身的身份融入城市的历史脉络之中。这种认同感不仅仅是个体的情感寄托，更是共同体认同感的体现。历史文化遗产成为城市的精神支柱，为社区凝聚力和社会稳定性提供了坚实基础。

历史文化遗产以其独特的面貌和深厚的历史内涵，为城市注入了独特的灵魂。它们是城市的文化根基，是城市形象的鲜明标志，更是连接城市与居民、过去与未来的纽带。在现代城市发展中，正确理解、妥善保护和合理利用历史文化遗产，将有助于塑造城市更加丰富、独特的文化底蕴。

2.城市吸引力的提升

历史文化遗产在城市的发展中扮演着不可替代的角色，不仅是历史的见证者，更是城市形象的塑造者。这些文化遗产为城市赋予了独特的历史深度和文化底蕴，使城市在全球化竞争中显得更为独特和有吸引力。历史建筑、古老街区等成为游客和居民流连忘返的场所，为城市的旅游业和文化产业的发展提供了有力支持。

首先，历史文化遗产通过呈现丰富的历史故事和传统文化，为城市增色不少。古老建筑的独特风格和设计，如历史悠久的宫殿、寺庙、古城墙等，成为城市的地标性建筑，吸引了大量游客。游客在这些历史建筑中，不仅仅欣赏到了建筑本身的美，更感受到了城市的历史渊源，从而提升了城市的知名度和吸引力。

其次，古老街区作为历史文化遗产的一部分，常常保留了悠久的建筑风格和传统的生活氛围。这些街区不仅为居民提供了独特的居住体验，同时也成为游客流连忘返的景区。步行在狭窄的街巷中，感受着历史的厚重，参与到传统手工艺品的制作和文化活动中，游客能够更加深刻地体验到城市的文化底蕴，使得他们对城市充满好奇和向往。

最后，这些历史文化遗产不仅仅是城市的象征，更是文化产业的发展引擎。通过对历史建筑和文化景区的开发利用，城市能够培育充满创意和文化内涵的产品，推动文化创意产业的繁荣。例如，以历史建筑为主题的文创产品、以古老街区为拍摄地的影视作品等，都为城市注入了新的经济活力。

因此，历史文化遗产的存在和合理开发不仅能够丰富城市的文化内涵，更为城市在全球范围内树立了独特的形象，提升了城市的吸引力。这些历史的瑰宝，以其独特性和历史价值，成为城市的亮点，使人们在城市中不仅看到现代的繁荣，更能感受到过去的辉煌，构建了城市独有的历史记忆和文化认同。

3. 个性与独特魅力的凸显

历史文化遗产通过展示城市的传统、习俗和艺术，为城市增添了独特的个性和引人入胜的独特魅力。这些古老的建筑风格、传统的手工艺品等成为城市的独特符号，使城市在同质化的发展中脱颖而出。规划师通过在城市规划和建设中合理保护和利用历史文化遗产，不仅使这些瑰宝得以保留，更能够挖掘城市的个性，为城市形象的塑造提供有力支持。

首先，历史文化遗产承载着城市的传统与习俗，展现了城市的独特历史和文化底蕴。古老的建筑风格如古堡、宫殿、传统居民区等，都是历史的见证者。通过它们，人们可以窥见城市过去的辉煌与变迁。这些历史的印记赋予城市独特的灵魂，形成了城市独有的文化特色，让城市在全球化的浪潮中保持了个性。

其次，传统的手工艺品和艺术作品也是历史文化遗产的重要组成部分，是城市独特魅力的来源之一。这些手工艺品传承着古老的工艺和艺术风格，通过规划师的巧妙设计和合理布局，这些传统手工艺品不仅可以得到有效的保护，同时也能够在城市中发挥独特的装饰作用，为城市增色添彩。

最后，历史文化遗产的合理保护和利用有助于避免城市同质化发展的风险，使城市在全球范围内更具辨识度。通过在城市规划中巧妙融入这些历史元素，规划师能够在城市空间中创造出引人注目的场景，形成独特的城市景观。这样的设计不仅吸引游客和居民，也为城市的商业和文化产业注入了新的活力。

因此，历史文化遗产的凸显不仅是对城市传统的尊重，更是为城市赋予了独特的城市形象和个性魅力。规划师在城市规划和建设中的精心设计和合理保护，为城市的可持续发展打下了坚实的文化基础。通过凸显城市的个性，历史文化遗产成为城市发展的重要助推器，使城市在竞争激烈的时代更具吸引力和竞争力。

（二）社会认同感与归属感的建立

1. 与历史文化的紧密联系

历史文化遗产在城市中扮演着不可替代的角色，尤其在社会认同感和归属感的建立方面发挥着深远的作用。市民通过与历史文化的紧密联系，建立起对城市的认同感，这种联系既贯穿于日常的居住环境中，也表现在对城市历史的情感认同上。这种深刻的联系在城市规划和建设中显得尤为重要。规划师通过科学合理的设计，可以加强市民与历史文化之间的互动，进而促进社区的凝聚力和城市的发展。

首先，历史文化遗产通过实实在在的建筑和环境存在，将市民与城市的历史连接在一起。古老的建筑、传统的街道布局等不仅是城市的面貌，更是市民日常生活的一部分。通过对这些遗产的保护和活化利用，规划师能够创造出更有温度和情感的城市空间，使市民在日常的居住中感受到历史文化的渗透和影响。

其次，市民通过参与文化活动、了解城市的历史，逐渐形成对城市的深厚感情。规划师在城市更新规划中可以注重文化活动场所的规划，如文化中心、博物馆等，为市民提供更多了解城市历史的机会。这些场所不仅是知识传承的平台，更是市民互动的场所，通过参与各类文化活动，市民对城市的认同感逐渐升华，形成了浓厚的城市归属感。

历史文化遗产与城市居民之间的紧密联系是城市更新规划中不可忽视的因素。规划师在设计中注重对历史文化的保护和合理利用，不仅有助于城市形象的凸显，而且能够加深市民对城市的认同感和归属感。这种深刻的历史情感联系，将城市规划提升到更加人性化和情感化的层面，为城市的可持续发展提供了有力的社会支持。

2. 共同体认同感的加强

历史文化遗产在城市规划中的保护和传承，不仅在个体层面上建立了市民对城市的认同感，更在共同体层面上加强了社区凝聚力。在共同关注、保护历史文化遗产的过程中，市民形成了共同体认同感，这种感觉超越了个体的情感联结，将社区居民连接在一起。

首先，共同体认同感在历史文化遗产的保护中得到了强化。当社区居民共同努力保护和传承历史文化遗产时，他们对这一过程的参与让他们更加紧密地联系在一起。这种共同的努力不仅是对城市文脉的珍视，也是一种共同体意识的觉醒，居民们通过参与，建立了对城市历史的共同担当。

其次，共同体认同感有助于促进社区的和谐发展。社区居民在共同体认同感的驱动下，更愿意参与社区事务、合作解决问题。共同保护历史文化遗产是一项社区事业，通过共同体认同感的建立，社区内的合作关系得到加强，促使社区更加和谐、稳定地发展。

最后，共同体认同感减少了社会的分裂感，形成了更具凝聚力的社会结构。通过历史文化遗产的共同保护，居民之间建立了共同的文化记忆，这种共鸣使社会的多元性得到尊重，减少了因文化差异而导致的社会分裂感，形成了更具凝聚力和包容性的社会结构。

3. 社会稳定性的提升

社会认同感和归属感的建立对提升城市的社会稳定性起到了关键作用。市民对城市的充分认同和归属感，不仅是对城市文脉的珍视，更是一种积极的社会参与和社区责任感的体现。这种情感共鸣有助于推动城市社会的和谐与稳定，为城市的可持续发展提供了有力支持。

首先，社会认同感和归属感的建立激发了市民的社会责任感。当市民深刻认同城市的历史文化遗产时，他们更愿意为社区和城市的发展出一份力。这种社会责任感在推动社会事务中的积极参与方面起到了引领作用。市民不仅仅是城市的居民，更是城市社会共同体的一分子，这种认同感激发了他们对社会的责任心，从而促进社会事务的有序进行。

其次，社会认同感和归属感的建立促使市民更加关心社区的和谐发展。当市民深感城市是自己的家园时，他们会更加关注社区的安全、卫生、文化活动等方面的问题。这种关注不仅体现在个体行为上，更会转化为社区层面的协同合作，推动社区在各个方面的健康发展。

最后，社会认同感和归属感的建立有助于形成社会的共识和凝聚力。市民对城市的深刻认同构建了一种共同的文化记忆和社会认同，这种共鸣形成了社会共识。这种社会共识在社会发展过程中是一种重要的凝聚力，有助于协调社会各方面的利益关系，降低社会的不稳定因素。

（三）文化传承的珍贵载体

1.历史文化遗产的实体传承

历史文化遗产作为城市文化的实体，承载了丰富的历史信息和文化内涵，成为文化传承的珍贵载体。这种实体传承不仅仅是对历史的延续，更是对过去文化的尊重、保护和传承的具体实践。通过对历史建筑、文化景观等的修缮和保护，规划师能够确保这一文化传承的实体得以保存，进而为城市注入深厚的历史底蕴。

首先，历史文化遗产作为实体传承的载体，通过保存古老建筑的原始面貌和特色，使得城市能够在物理形态上延续历史的痕迹。这不仅使市民和游客能够亲身感受到历史的沧桑和积淀，也使城市本身具有了独特的历史记忆，为城市形象的深刻展示提供了有力支持。

其次，通过修缮和保护历史文化遗产，规划师能够实现对过去文化的尊重。这种尊重体现在对历史建筑材料、工艺技术的恢复性使用和对历史文化元素的还原性保护等方面。这不仅是对历史文化的尊严回归，更是对过去文明的珍视，通过实体传承的方式将文化的瑰宝传递给后代。

最后，实体传承通过对历史文化遗产的具体保护，使得城市得以保存并传承其文化的根基。这种传承不仅仅是形式上的复制，更是对历史文化内涵的延续和传递。规划师可以通过合理的修缮和更新手段，使历史建筑、文化景观焕发新的生机，并融入当代城市的发展脉络中，为城市的文脉传承提供有力保障。

2.历史智慧的传递

历史文化遗产不仅仅是城市文化的实体，更是先辈们留下的智慧的传递者。这种实体传递的过程将历史智慧传递给后代，为城市更新注入了深厚的智慧基因。在城市更新中，规划师需要深入挖掘这些历史智慧，将其融入城市规划的方方面面。

首先，通过引入传统建筑风格，规划师能够将历史智慧融入城市的外在形象中。传统建筑风格往往承载着先辈们的建筑智慧，如风水布局、材料选用等。这些智慧在当代得以传承并为城市增添了独特的历史韵味。通过巧妙运用这些元素，规划师能够打造出既有传统气息又符合现代需求的建筑，为城市注入新的活力。

其次，在城市规划中引入古老的建筑工艺是传递历史智慧的重要途径。古老的建筑工艺往往包含着对材料、结构、工艺流程等多方面的精湛智慧。规划师可以通过挖掘并运用这些工艺，保留传统技艺，更在城市更新中展现了历史智慧的卓越之处。这不仅有助于保护传统手工艺的传承，也为城市注入了独特的文化品质。

总体而言，历史文化遗产作为历史智慧的传递者，在城市更新中扮演着重要角色。规划师通过巧妙运用传统建筑风格和古老建筑工艺等元素，将历史智慧融入城市规划中，既传承了先辈们的智慧，又为城市注入了新的活力。这种实体传递不仅使城市文脉得以延续，更为城市的可持续发展提供了深刻的历史支持。

3. 历史经验的借鉴

历史文化遗产不仅是城市的文化传承者，更是城市可持续发展的宝贵经验库。在城市更新规划中，规划师通过对过去城市发展的观察和总结，深入挖掘历史经验，以此为依据制定更为科学和符合实际的发展战略，避免历史错误的重演，为城市的可持续发展提供了有益的启示。

首先，通过对历史文化遗产的观察和研究，规划师能够发现过去城市在发展中的成功经验。这包括城市布局、交通规划、社区建设等方面的经验，为当代城市规划提供了有力的借鉴。例如，古老的城市布局可能包含了对地形、气候等因素的科学考量，这些经验在当代城市规划中仍然具有指导意义。

其次，通过总结历史文化遗产中的失败经验，规划师可以更好地避免历史错误的重演。历史文化遗产中可能存在一些未成功的城市规划和建设尝试，这些经验教训提醒规划师在制定新的规划方案时需慎重考虑各种因素，避免不可预见的问题。

最后，历史文化遗产的发展轨迹和城市演变过程，为规划师提供了对城市发展趋势的深刻认识。通过对历史的追溯，规划师能够更准确地预测城市未来的发展方向，制定更具前瞻性和长远眼光的规划策略。

历史文化遗产所蕴含的历史经验是规划师在城市更新规划中的宝贵财富。通过借鉴历史经验，规划师能够更好地把握城市发展的脉络，制定出更为科学、合理的规划方案，为城市的可持续发展注入新的活力。

二、历史文化保护的法律与规范

（一）国家、地区和城市法规的法律保障

1.法定地位的明确性

（1）国家层面法规的法定地位

国家层面的法规为历史文化遗产提供了明确的法定地位。在国家法律框架下，历史文化遗产通常被赋予特殊的法定地位，以明确其在国家文化体系中的重要性。规划师需要深入研究相关国家法规，了解历史文化遗产在法律上的权益和地位。这一法定地位为规划师提供了在城市更新过程中有力保护历史文化遗产的法律依据。

（2）地区层面法规的法定地位

在地区层面，不同省区市也会制定相关法规，为历史文化遗产赋予法定地位。这些法规可能更加具体和细化，规划师需要详细了解具体地区的法律规定，以确保历史文化遗产在地方发展中得到法定的尊重和保护。

（3）城市层面法规的法定地位

在城市更新中，城市层面的法规更直接关系到历史文化遗产的保护。规划师需要深入研究城市相关法规，了解历史文化遗产在城市规划中的法定地位。这包括对历史建筑、传统街区等的法定保护范围和政策的明确定位。

2.管理机构的设立与职责

（1）国家层面管理机构

国家层面通常设立文化部门或文物局等机构，负责历史文化遗产的全国性管理和保护。规划师需要了解这些机构的职责，以便在城市更新规划中充分协调国家级资源，确保历史文化遗产的整体保护。

（2）地区层面管理机构

在地区层面，不同省区市也会设立相应的管理机构，协助国家层面机构负责历史文化遗产的管理。规划师需要熟悉这些地方性机构的设置和职能，以更好地在城市更新中协同合作，推动历史文化遗产的保护。

（3）城市层面管理机构

在城市更新过程中，城市层面的文物保护部门或规划部门起着关键的作用。规划师需要了解这些机构的具体职责，特别是与城市更新相关的职能，以确保历史文化遗产在城市更新中得到妥善管理和维护。

3.相关保护措施的规定

（1）国家层面保护措施

国家层面的法规通常包括了一系列相关的保护措施，例如对历史建筑的修缮、重建、迁移等方面的规定。规划师需要详细了解这些措施，确保在城市更新中综合考虑各项法定保护措施。

（2）地区层面保护措施

在地区层面，不同省区市也会根据本地的文化特色和实际情况制定相应的保护措施。规划师需要深入研究这些地方性的措施，以保证城市更新规划符合当地的法律法规。

（3）城市层面保护措施

城市更新规划中，城市层面的保护措施更加具体，可能包括对历史建筑的立面、色彩、功能等方面的规定。规划师需要了解这些城市级别的具体措施，以指导城市更新的实际操作。

（二）规范的运用与城市更新规划

1.保护范围的明确定位

（1）国家层面法规的保护范围规定

在国家层面的法规中，通常会对历史文化遗产的保护范围进行明确定位。规划师需要详细了解这些法规，包括对历史建筑、传统街区等的具体边界和范围的规定。在城市更新规划中，规划师要严格遵循这些规定，确保历史文化遗产在更新过程中得到全面而精准的保护。

（2）地区层面法规的保护范围规定

不同地区的法规可能会因地制宜对历史文化遗产的保护范围进行具体规定。规划师需要深入研究这些地方性法规，理解本地历史文化的特殊性，确保保护范围的明确定位更符合当地的实际情况。

（3）城市层面法规的保护范围规定

在城市更新中，城市层面的法规更贴近实际操作，规定了具体历史文化遗产的保护范围。规划师需要深入了解这些建筑、景观的边界、用途等规定，以确保在城市更新规划中实现对历史文化遗产的有力保护。

2.利用方式的规范指导

（1）国家层面法规的利用方式规范

国家法规通常会就历史文化遗产的利用方式提供一定的规范和指导。这包括对于修复、改建、开发等活动的规定，以确保历史文化遗产的文化价值不受损害。规划师需要了解这些规范，将其纳入城市更新规划的具体实践中。

（2）地区层面法规的利用方式规范

在地区层面，地方性法规可能会更具体地规定历史文化遗产的利用方式。规划师需要研究这些规范，以指导城市更新中历史文化遗产的合理开发和利用。

（3）城市层面法规的利用方式规范

城市更新规划中，城市层面的法规将更具体地指导历史文化遗产的利用方式。这可能包括对文化设施、商业开发、社区活动等的具体规定。规划师需要详细了解这些规范，确保历史文化遗产的利用方式在城市更新中既能实现经济可持续性，又不损害其文化价值。

第三节　文化创意产业与城市活力重塑

一、文化创意产业的引入与发展

（一）文化创意产业推动城市活力

文化创意产业作为城市活力的引擎，其引入和发展在城市更新规划中具有重要性。规划师需要认识到文化创意产业的独特价值，即它不仅能够带动经济增长，还能够为城市注入新的活力和创造力。

1.文化创意产业的经济价值

（1）国家层面的文化创意政策

在国家层面，文化创意产业通常受到政策的大力支持。规划师需要深入研究国家对文化创意产业的相关政策，包括财政扶持、税收政策等。这些政策的制定旨在激发文化创意产业的发展，规划师应将其纳入城市更新规划中，以吸引更多文化创意企业入驻，为城市经济增长注入新动力。

（2）地区层面的文化创意园区规划

在地区层面，规划师需要关注文化创意园区的规划。这些园区通常是为文化创意企业提供优越的办公和生产环境的特定区域。规划师应该研究相关规划，确定文化创意园区的位置、规模、配套设施等，以便为文化创意产业提供良好的发展平台。

（3）城市层面的文化创意聚集区规划

在城市层面，规划师需要考虑如何在城市中打造文化创意产业的聚集区。这可能涉及在城市更新中设置特定区域，提供良好的基础设施、文化氛围等条件，以吸引文化创意从业者。规划师需要通过科学的规划手段，使文化创意产业更好地融入城市的发展格局。

2.文化创意产业的创新活力

（1）创意人才培养与引进

文化创意产业的创新活力离不开人才的培养和引进。规划师应当思考如何在城市更新规划中设置培训机构、研发中心等，吸引、培养和留住文化创意领域的专业人才。同时，通过引进国内外的优秀人才，为城市注入更多创新元素。

（2）创意产业与科技融合

创新不仅仅局限于创意领域，还需要与科技的融合。规划师可以提出在城市更新中建设创意科技园区、引导文化创意企业与科技企业的合作，推动两者的融合，从而催生更多科技创新，提升城市的整体竞争力。

（3）文化创意活动的丰富多彩

文化创意产业的创新活力还表现在各类文化创意活动的丰富多彩。规划师可以提出在城市更新中设置文化创意节、艺术展览、创意市集等活动，促进文化与创意的交流，使城市成为创意活力的中心。

3. 文化创意产业的社会影响

（1）提升城市形象和吸引力

文化创意产业的繁荣可以为城市树立更加独特和有活力的形象。规划师需要思考如何通过城市更新规划，将文化创意产业融入城市的品牌建设中，提升城市的整体吸引力。

（2）增加就业机会与产业多元化

文化创意产业的发展将为城市带来更多就业机会，尤其是创意人才的需求。规划师需要在城市更新规划中考虑如何促进文化创意产业的发展，增加就业机会，实现产业的多元化和可持续发展。

（3）加强社区文化建设

在文化创意产业的社会影响中，社区文化建设扮演着重要的角色。规划师需要思考如何通过城市更新规划，促进文化创意在社区中的融入，打造具有独特文化氛围的社区。

规划师可以提出在城市更新中规划社区文化设施，如文化中心、艺术工作室、图书馆等，以满足居民对文化创意活动的需求。这有助于提升社区居民的文化素养，促使文化创意产业更好地融入社区生活。规划师还可以考虑如何通过城市更新规划，推动文化创意教育的普及。这包括在社区中设立培训机构、艺术学校等，为居民提供学习和参与文化创意的机会，培养更多的文化创意人才。城市更新规划中可以设想举办各类社区文化活动，如艺术展览、文化节日等，通过这些活动增进居民对文化创意的认同感，促进社区文化的繁荣。

（二）规划中的文化创意产业布局

1. 文创园区的规划

（1）位置的科学选定

在规划文创园区时，规划师需要通过深入研究城市结构和文化创意产业的分布，科学选定园区的位置。考虑到交通便利性、企业合作可能性等因素，合理确定文创园区的地理位置，以便更好地推动文化创意产业的集聚。

（2）规模的合理设定

规划文创园区的规模需要兼顾文化创意产业的多样性和发展需求。规模过大可能导致资源过度分散，规模过小则难以形成产业集聚效应。规划师应综合考虑不同类型企业的空间需求，确保文创园区规模既能容纳多样的创意企业，又能形成协同发展的良好环境。

（3）配套设施的优化布局

文创园区的成功与否不仅仅取决于企业的数量，更关乎园区内的生态系统。规划师需要优化布局园区内的配套设施，包括共享办公空间、休闲区域、会议设施等，以提供良好的工作和生活环境，激发创意产业从业者的灵感和创造力。

2.艺术街区的打造

（1）区域文化特色的挖掘

在规划艺术街区时，规划师需要深入挖掘区域内的文化特色，以确保艺术街区不仅是一个空间载体，更是文化和创意的展示平台。通过了解历史、人文、自然等方面的特色，规划师可以在艺术街区的设计中体现独特的区域文化魅力。

（2）公共艺术设施的设置

为了使艺术街区更具吸引力，规划师可以考虑设置公共艺术设施，如雕塑、壁画、艺术装置等。这些艺术设施不仅能够美化环境，也为居民和游客提供了与艺术互动的机会，促进文化创意的传播和交流。

（3）活动空间的规划

规划师还需合理规划艺术街区的活动空间，以容纳各类文化活动，如艺术展览、表演、文化节等。通过举办多样性的文化活动，艺术街区能够更好地吸引人流，为文化创意产业的发展提供动力。

（三）文化与经济的融合

文化创意产业的引入不仅仅是为了经济增长，更是为了促进文化与经济的融合。规划师在城市更新中需要深入思考如何实现文化产业的可持续发展，使其与其他产业形成良性互动，共同推动城市的发展。

1.文化与经济融合的理念

（1）文化产业的多元化发展

在城市更新规划中，规划师应致力于促进文化产业的多元化发展。通过引入不同领域的文化创意产业，如影视、设计、艺术等，实现文化经济的广泛覆盖，推动城市文化产业链的多层次、多领域发展。

（2）产业融合的机制创新

为实现文化与经济的深度融合，规划师需要创新产业融合的机制。例如，可以设立专门的产业园区或科技创新基地，给文化创意产业和其他产业提供更便捷的合作机会，促进不同领域产业的交叉融合，共同推动城市经济的创新升级。

（3）人才培养与产业需求的对接

规划中需注重培养适应文化与经济融合需求的人才。通过设立相关培训机构、推动高校开设相关专业，提高从业人员的综合素质，使其更好地适应文化创意产业与其他经济产业的深度合作需求。

2.文化创意与科技经济的互动

（1）技术创新与文化创意的结合

规划师需要思考如何将技术创新与文化创意产业有机结合。通过推动数字技术、人工智能等科技手段与文化创意的深度融合，提高文化产品的科技含量，推动文化创意产业的数字化转型。

（2）创新平台的构建

规划师还需构建创新平台，促使文化创意产业与科技经济形成有机互动。例如，可设立创意科技园区，提供先进的研发设施和资源共享平台，推动科技企业与文化创意产业的深度合作，形成创新创意的双向流动。

（3）数据共享与开放创新

为促进文化与科技的融合，规划师需支持数据共享与开放创新。建立文化创意产业与科技企业之间的信息共享机制，通过共享大数据、人工智能等技术资源，加速文化产业的数字化进程，推动城市经济的科技升级。

3. 文化创意与城市品牌建设

（1）文化创意的品牌输出

在城市规划中，规划师需深思如何通过文化创意产业推动城市品牌的建设，以实现城市的可持续发展。其中，引入本土文化元素和历史文化遗产成为关键策略，有助于为文化创意产业打造具有独特地域特色的品牌，从而提升城市形象。

首先，规划师可以通过挖掘本土文化元素，将其巧妙融入文化创意产业中。这可能包括城市独有的传统手工艺、民间艺术表现形式以及特有的风土人情。通过将这些元素巧妙地融入文化创意产品和活动中，可以为城市打造出具有独特特色的文化品牌，吸引更多的目光。

其次，历史文化遗产也是城市品牌输出的关键元素。规划师可以通过规划文创园区、艺术街区等空间，将历史文化遗产巧妙地融入其中。保护和展示历史建筑、传统街区等，使其成为文化创意产业的创作基础和展示平台，有助于形成具有独特历史底蕴的城市品牌。

通过推动本土文化元素和历史文化遗产的创意输出，文化创意产业得以充分发展，形成有别于其他城市的品牌特质。这不仅有助于文化产业的繁荣，更能够提升城市的知名度和吸引力。规划师在整个过程中需要密切关注文化产业的发展方向，以确保文化创意产业与城市品牌形象的建设相辅相成，为城市的可持续发展创造更有活力的文化氛围。

（2）城市形象与文化创意产业的互动

城市形象与文化创意产业之间存在一种相辅相成的关系，规划师在城市更新中需要精心设计和加强二者之间的互动。通过一系列有力的措施，可以使城市形象和文化创意产业相互烘托，共同促进城市的可持续发展。

首先，规划师可以通过举办各类文化艺术节、设计展览等活动，积极营造城市文化氛围。这些活动既可以为文化创意产业提供展示和交流的平台，也能够为城市形象注入新的文化元素。例如，在文化艺术节中，艺术家和文化创意从业者可以通过展示其作品，为城市带来创新的文化体验，使城市形象更加多元和丰富。

其次，规划师还可以通过城市规划和建设，创造有利于文化创意产业发展的空间。为文化创意企业规划合适的园区，打造具有创意氛围的艺术街区，这样的空间设计不仅提供了文化创意产业运作的场所，同时也成为城市形象的一部分，体现了城市对于文化创意的支持和关注。

通过这种有机的互动，城市形象得以通过文化创意产业焕发出更多生机。文化创意产业则通过参与城市形象的打造，获得更多的关注和支持。规划师在这个过程中需要灵活运用各类手段，使城市形象和文化创意产业在互动中实现双赢，为城市的可持续发展注入更多活力。

（3）文化创意与城市规划的一体化

规划师需要致力于实现文化创意与城市规划的深度一体化。这包括将文化创意产业的发展有机纳入城市的总体规划中。通过制定明确的政策支持和空间布局，规划师能够促使文化创意与城市经济、城市品牌建设形成紧密有机的统一，从而实现文化与经济的良性循环。

在城市总体规划中，规划师应当充分考虑文化创意产业的发展需求，将其视为城市可持续发展的关键组成部分。通过制定相关政策，例如提供税收优惠、贷款支持等，为文化创意企业提供有利的创业和发展环境。同时，在城市空间布局上，规划师可将文创产业园区、艺术街区等专门区域纳入规划，以提供良好的工作和展示场所，促进文化创意产业的繁荣。

这种一体化的规划不仅有助于文化创意产业的发展，也使城市在全球范围内建立起具有独特魅力的品牌形象。文化创意与城市规划的深度融合，能够为城市带来经济、社会和文化的多重回报，推动城市朝着更加可持续和宜居的方向迈进。

二、城市活力重塑的策略与实践

（一）改善公共空间的策略

1. 公共空间设计与多功能性

（1）空间规划的灵活性

规划师首先需要注重公共空间设计的灵活性。通过合理设置活动区、休闲区、绿化区等功能区域，使得公共空间在不同时间、不同季节能够满足多种需求，提高其多功能性。例如，在夏季可设置休闲草坪，而在冬季可转化为溜冰场或冰雪艺术展示区。

（2）交通与步行的融合

考虑公共空间与交通的融合，规划师可采用交通缓冲区、步行街等设计手段，将公共空间与周边区域连接起来。这有助于提高空间的活力，使之成为市民休憩和文化活动的理想场所。

（3）多元化设施的设置

为增加公共空间的多功能性，规划师还应关注设施的多元化设置。例如，可设置户外家具、健身器材、儿童游乐区等，以满足不同年龄层次的需求。多元化的设施布局能够吸引更广泛的市民参与，提高公共空间的整体利用率。

2. 文化活动的引入

（1）活动空间的策划

规划师在城市更新中应当精心策划各类活动空间，以专门满足文化活动的需求。其中，公共广场的设计尤为重要，需要充分考虑举办各类文艺演出的需求，以确保场地能够满足观众的需要并提供足够的演出空间。

首先，规划师可以通过合理布局公共广场，确保广场中有足够的观众席和合适的演出舞台。这不仅有助于提升文化活动的观赏性，还为演出者提供了良好的表演环境。其次，规划师可以考虑在广场周边设置一系列文化设施，如文化中心、艺术展览馆等，以形成一个完整的文化活动区域，吸引更多人参与。

通过这样的策划，公共广场不再只是传统的交流场所，更成为城市文化活动的中心。各类文化演出、艺术展览等活动在这个空间中得以展开，丰富了市民的文化生活，提升了公共空间的文化氛围。这样的活动空间策划不仅能够吸引各类文化活动的举办，还有助于城市形象的提升，使其更富有文化底蕴和活力。

（2）艺术装置的设置

规划师在城市更新中的设计中，应充分考虑在公共空间中设置艺术装置，以此打造城市文化创意的独特展示平台。通过引入雕塑、壁画、装置艺术等多样化的艺术元素，规划师可以以艺术的方式丰富公共空间的视觉体验，从而激发市民的文化共鸣，提升其对城市的认同感。

首先，规划师可以选择在公共广场、街头巷尾等人流集中的区域设置雕塑。雕塑作为三维的艺术形式，能够在城市空间中独立存在，成为引人注目的焦点，不仅能够美化城市环境，更能够通过抽象或具象的形式传递文化信息，增添城市的文化底蕴。

其次，壁画作为城市墙体的艺术表达，可以将城市的故事、历史或特色展现出来。规划师可以在历史街区、文化创意区域等地点设计具有地方特色的壁画，使其成为城市文化的一部分，引导市民和游客深入了解城市的历史和文化。

此外，装置艺术的引入也是丰富城市空间的有效手段。通过在公共区域设置具有观赏性和互动性的装置艺术，规划师可以创造出引人入胜的文化氛围，使市民在日常生活中与艺术产生更为密切的联系。

（3）多元文化活动的推动

规划师在城市更新中还应当积极推动多元文化活动的开展。通过与文化机构、社团等多方合作，规划师能够策划并定期组织各类文化活动，如文学沙龙、手工艺市集等，旨在吸引市民广泛参与，从而使公共空间真正成为城市文化的热点和互动交流的平台。

首先，规划师可以借助与文学机构的合作，组织文学沙龙等活动。在公共空间中设立文学交流区域，定期邀请作家、文学评论家等文学界人士举办讲座、交流，吸引市民聚集，促使文学创意在城市中蓬勃发展。这样的文学活动不仅能够激发市民的文学兴趣，也为城市注入丰富的文学氛围。

其次，规划师还可以与手工艺社团等合作，组织手工艺市集。在公共空间中设置手工艺品展示和制作区域，吸引手工爱好者和厂商参与，创造具有文化创意特色的手工艺市集。这样的活动不仅促进了手工艺品的传承与发展，也丰富了城市的文化市场。[9]

通过这些策略，规划师能够全面提升公共空间的设计与功能，使之成为城市生活的核心区域，同时也促进文化创意活动的蓬勃发展。

（二）提升文化设施的实践

1. 文化设施的建设与更新

（1）博物馆的建设与更新

规划师在提升文化设施方面首先应当专注于博物馆的建设与更新。博物馆作为文化储藏和传承的重要载体，规划师应该倡导新博物馆的兴建，以展示城市在历史、艺术和科技等方面的丰富文化遗产。通过新博物馆的建设，城市能够向市民和游客展示其独特的历史面貌，提升文化传承的深度和广度。

同时，规划师还需关注旧有博物馆的更新改造工作。通过引入先进的展陈技术、互动性设计和数字化展示手段，提升博物馆的吸引力和教育性。例如，利用虚拟现实技术，创造更为生动、沉浸式的展览体验，吸引更多观众参与。通过博物馆的现代化更新，城市文化设施得以与时俱进，从而更好地满足当代社会的需求。

上述举措不仅有助于保护和传承城市文化遗产，同时也提高了市民和游客对文化设施的参与度和体验感，为城市文化的发展注入新的活力。因此，规划师在城市更新规划中应当充分考虑博物馆的建设与更新，以推动城市文化设施的全面发展。

（2）图书馆的现代化建设

规划师在城市更新规划中应特别注重图书馆的现代化建设。图书馆作为文化设施的核心组成部分，其现代化不仅仅意味着硬件设施的更新，更包括服务理念和文化内涵的创新。

首先，规划师可以引入数字化资源，推动图书馆向数字化转型。通过引入数字图书、在线期刊、电子数据库等，居民和学生可以在图书馆获取更为丰富的数字信息资源。这有助于提升图书馆的信息传递速度和容量，更好地满足不同人群的知识需求。

其次，规划师需要优化图书馆的服务模式。通过引入智能化图书检索系统、自动还书设备等，提升图书馆的服务效率，让读者更加便捷地获取所需资源。同时，规划师还可以考虑引入在线阅读服务，使读者可以通过图书馆网站或 APP 在线借阅图书，进一步扩大图书馆服务的覆盖面。

最后，规划师可以通过提升图书馆的文化内涵，使其不仅仅是书籍存放的场所，更是文化学习和知识分享的中心。通过举办讲座、文学沙龙、展览等文化活动，吸引更多市民走进图书馆，促进文化的传承与创新。

（3）艺术中心的多元化功能

艺术中心作为城市文化创意产业的核心场所，其多元化功能的规划可以在多个方面提升其在文化创意领域的影响力。

首先，规划师可以注重打造艺术中心的多功能性。除了传统的艺术展览空间，艺术中心还可以设立创意工坊，为艺术家和创意从业者提供交流和合作的平台。这样的工坊可以促进不同领域的专业人才汇聚，激发创意思维，推动文化创意的跨界融合。

其次，规划师可以在艺术中心内设立艺术家工作室，为艺术家提供独立的工作空间，激发他们的创作灵感，同时也方便市民与艺术家互动。这种近距离的交流有助于建立更加紧密的文化创意社群，推动艺术创作的不断进步。

另外，规划师还可以考虑引入文化创意产业的孵化功能。通过设立孵化器，支持创意初创企业的发展，为他们提供必要的资源和支持，艺术中心不仅是文化艺术的展示场所，更是创意产业的孵化基地，为城市文化创意产业的可持续发展注入新的动力。

2. 文化教育的加强

（1）文化课程的拓展

规划师在城市更新中应致力于加强文化教育，以拓展城市文化课程的范围。这一举措旨在通过与学校和文化机构的合作，引入多样性的文化课程，涵盖艺术、历史、文学等多个领域，从而培养市民的文化素养，提升他们对城市文化的认同感。

首先，规划师可以与学校建立紧密的合作关系，推动多样性文化课程融入学校教育体系。这可以包括在学校课程中引入丰富多彩的文艺活动，组织文学讲座、艺术展览等，为学生提供更为广泛的文化学习机会。

其次，规划师还可通过文化机构与社区协同合作，打破传统文化教育的界限，引入更为多元的文化课程。这包括艺术创作工作坊、历史文化沙龙等，可为市民提供更加丰富的文化体验，促进他们对城市文化的深入理解。

此外，规划师可以倡导线上线下相结合的教育方式，通过数字化平台提供在线文化课程，为市民提供更为便捷的学习途径。这有助于扩大文化教育的覆盖范围，使更多人受益于城市文化的丰富内涵。

（2）文化创意人才的培养

规划师在城市更新中应当重视文化创意人才的培养，以推动城市文化创意产业的健康发展。为此，可以考虑设立专门的文化创意学院或专业，提供系统的文化创意培训，致力于培养具备创新能力和跨领域思维的人才。

首先，规划师可以通过与高校协作，推动设立文化创意专业。这种专业可以覆盖艺术、设计、文学等多个领域，为学生提供全面的文化创意知识和技能培训。通过与产业紧密结合，使学生在学习过程中能够更好地理解产业需求，培养实际操作能力。

其次，规划师还可推动建立文化创意学院，以提供更为系统和深入的培训。这样的学院可以承担起培训高层次文化创意人才的任务，通过行业专家的授课和实践项目的开展，使学员获得更为丰富的实践经验。

此外，规划师还应鼓励文化创意企业与培训机构、研究机构等形成合作关系，通过企业实践和实际案例的分享，为培训提供更为实用和有效的内容。这种产学研结合的培训模式有助于更好地满足市场需求，培养更符合实际要求的文化创意人才。

通过以上努力，规划师可以在城市更新中促进文化创意人才的培养，为城市的文化创意产业发展提供人才支持，推动城市文化创意的蓬勃发展。

（3）社区文化活动的组织

规划师在城市更新中可以通过组织社区文化活动来加强市民与文化的互动，从而提高市民对城市文化的参与度，增强城市的文化活力。这一举措是促进社区共建、增强社区凝聚力的有效手段。

首先，规划师可以通过与社区居民的协商和合作，确定适合本地文化特色和居民兴趣的文化活动。这有助于确保活动内容贴近社区实际需求，提高居民的参与积极性。例如，可以组织本地艺术家举办小型音乐会、文艺演出，或者举办手工艺品展示，以展示和传承当地的文化传统。

其次，规划师可以借助社区资源，积极组建社区文化团体和志愿者队伍，推动文化活动的策划和执行。通过培养社区内的文化组织和志愿者，可以形成一支有力的文化推广队伍，为居民提供更加多元化的文化服务。

另外，规划师还可以引入先进的数字技术和社交媒体平台，提高文化活动的传播效果。通过在线平台宣传文化活动，吸引更多的居民参与，同时促进社区文化活动与城市其他地区的文化互动。

（三）鼓励创新型企业入驻的实践

1. 创新产业园区的建设

（1）创新产业园区的空间规划

在鼓励创新型企业入驻的实践中，规划师首先应当重视创新产业园区的空间规划。科学合理的规划是创新园区成功发展的基石，它不仅直接影响到园区内创新型企业的运作效率，也关系到整个园区在城市中的定位和影响力。

在进行创新产业园区的空间规划时，首要考虑的是地理位置的选择。规划师需要仔细评估城市的整体发展战略和产业结构，选择适宜的地段来建设创新园区。考虑到创新型企业通常需要与高校、研究机构等产学研合作，园区的选址还应考虑到与这些机构的距离和便捷的交通连接。

其次，规划师需要确定创新产业园区的规模和功能布局。园区规模的大小应充分考虑未来的扩展需求，同时要确保园区内部的配套设施完备，为创新型企业提供良好的工作和生活环境。功能布局应当有机地组织各类创新型企业，促进不同领域之间的交叉合作，提高园区整体的创新效益。

另外，规划师还应当注重园区内部的景观设计和生态环境的营造。通过合理的绿化和公共空间设计，创造宜人的办公和休闲环境，有助于吸引更多优秀的创新型企业入驻。

最后，规划师需要制定灵活的规划机制，随时根据园区和企业的发展状况进行调整。

这包括在规划中留有一定的弹性，以适应未来产业发展的变化，同时建立有效的管理体系，保证园区的长期可持续发展。

（2）园区配套设施的建设

在创新产业园区的建设中，规划师应当注重园区内的配套设施建设，为创新型企业提供全方位的支持，促进创新和合作。这包括但不限于以下几个方面：

首先，共享办公空间的建设是提高园区创新效益的重要手段。规划师可以鼓励设立共享办公空间，为初创企业提供灵活的办公场所，降低初始成本。共享办公空间还有助于不同企业之间的交流和合作，形成良好的创新生态系统。

其次，研发中心的设立是创新园区的核心。规划师应当根据园区的定位和主导产业，引导企业设立研发中心，集聚科研力量，推动技术创新。这可以通过提供科研设施、人才培训和项目资金等方面的支持来实现。

另外，会议展览设施的建设对于促进企业之间的交流与展示至关重要。规划师可以规划建设现代化的会议中心和展览馆，为园区内企业举办各类活动提供便利条件。这有助于企业间的经验分享、项目洽谈等，进一步推动创新产业的发展。

此外，规划师还可以考虑其他配套设施，如孵化器、科技图书馆、创客空间等，为不同阶段和不同类型的创新型企业提供差异化的支持。通过配套设施的多元化建设，园区能够更好地满足不同企业的需求，推动创新资源的共享和流动。

总的来说，园区内的配套设施建设应当贴近企业实际需求，注重提高园区整体的服务水平，为创新型企业提供良好的创业环境，推动园区内创新和合作的深度发展。

（3）生态环境的打造

在创新产业园区的规划中，生态环境的打造对于提升企业和从业人员的吸引力至关重要。规划师应该从多个方面考虑，以创造宜人的工作和生活环境，提升整体园区的吸引力。

首先，绿化是打造生态环境的关键一环。规划师可以设计园区内丰富多彩的绿化带和景观区域，引入各类植物，打造绿荫环绕的办公区和休闲空间。绿植不仅美化了园区，还有助于改善空气质量，为员工提供一个清新的工作氛围。

其次，休闲设施的规划也是打造生态环境不可或缺的部分。规划师可以在园区内设置公共休息区、步道、健身设施等，为从业人员提供放松身心的场所。这有助于缓解工作压力，促进员工的身心健康，提高整体工作效率。

另外，水体景观的引入也是生态环境设计的一项重要策略。规划师可以规划人工湖、喷泉等水景，不仅增添了园区的美感，也为员工提供了一个宁静、舒适的环境。水体景观的设置还有助于降低园区的环境温度，改善热岛效应，提高园区整体的生态品质。

此外，可持续发展的理念也应贯穿生态环境的规划。规划师可以采用节能环保的建筑设计，引入新能源、智能化管理系统等先进技术，减少园区对自然资源的依赖，降低环境影响，实现园区的可持续发展。

2. 创新政策的制定

（1）创新型企业税收优惠政策

创新型企业税收优惠政策是规划师在实践中的一项关键任务。通过制定一系列的税收激励措施，可以有效吸引创新型企业入驻，降低其经营成本，从而推动创新动力的释放。

首先，针对创新型企业的所得税减免是税收政策的一个重要方面。规划师可以设定一定的免税期限，或者对企业的创新收入实行差别化税率，减轻创新型企业的负担。此外，对于创新型企业的科研、技术开发等核心业务，可以考虑给予更为优惠的税收政策，激发其更多的研发投入。

其次，研发费用的税收抵扣是另一个重要的政策手段。规划师可以建议建立研发费用的税前扣除机制，鼓励创新型企业加大对研发的投入。这样的政策不仅能够有效减轻企业负担，还有助于提高企业的创新活力，推动科技创新的不断发展。

此外，对于创新产业中的高新技术企业，规划师还可以推动建立高新技术企业享受优惠政策的制度。这包括对高新技术企业所得税的减免、研发费用的更大比例抵扣以及其他相关税收政策，以创造更加宽松的税收环境，吸引更多高新技术企业在园区内发展。

通过上述税收优惠政策的制定和实施，规划师能够在城市更新和创新产业园区规划中创造更为有利的营商环境，进而促进创新型企业的集聚和发展，推动城市经济结构的升级。这一系列税收政策的合理设计将为创新型企业提供更多发展机遇，为城市打造有竞争力的创新生态系统奠定坚实基础。

（2）创业支持政策的建立

创业支持政策的制定和建立对于促进创新型企业的发展至关重要。规划师在城市更新中应提出一系列政策，以支持初创企业的创新和发展，从而提高其在市场上的生存和竞争能力。

首先，建立创业孵化基地是创业支持政策的一个关键举措。规划师可以推动在创新产业园区或城市核心区域设立创业孵化基地，为初创企业提供低成本的办公空间、共享设施以及创业培训等支持服务。这有助于降低初创企业的创业门槛，提升其初始阶段的生存概率。

其次，创新券的发放是另一项有力的创业支持政策。规划师可以建议设立创新券计划，向符合条件的初创企业提供财政支持。这些创新券可以用于支付研发费用、市场推广费用等，为初创企业提供资金上的支持，推动其创新活动的开展。

此外，规划师还可以提倡建立创业赠款和风险投资基金，为具有潜力的初创企业提供直接的财务支持。这有助于吸引更多的投资者参与到创业支持体系中，激发创新型企业的创业热情，推动其不断壮大。

（3）产业链协同发展政策

在城市更新和创新园区规划中，规划师不仅需要关注单一创新型企业的发展，还应制定产业链协同发展政策，以促进创新型企业与其他企业、研究机构之间的合作，形成创新生态系统，推动整个城市产业结构的升级和创新发展。

首先，规划师可以提倡建立产学研合作机制，鼓励创新型企业与高校、研究机构开展深度合作。通过设立联合实验室、共享研发平台等，促使创新型企业与科研机构共享资源、技术和人才，加速科技成果的转化和应用。

其次，规划师可制定支持创新型企业与传统产业协同发展的政策。鼓励创新型企业与传统产业进行合作，共同探索新的商业模式、生产工艺和市场机会。这有助于传统产业融合创新，提升整个产业链的竞争力。

此外，规划师还可以推动建立创新型企业与金融机构之间的合作桥梁。通过设立风险投资基金、科技创新基金等，为创新型企业提供更为便捷的融资渠道，降低其创新过程中的财务风险，推动产业链上下游企业共同发展。

第八章　国际比较与未来趋势

第一节　国际城市规划经验与案例分析

一、国际城市规划的经验总结

国际城市规划的经验对于我国城市规划的发展具有借鉴意义。规划师需要深入研究国际城市规划的成功案例，总结出有效的规划方法和策略。这包括对不同城市模式、规划理念的比较与分析。下面以美国、英国、法国、荷兰、新加坡和日本6个国家城市更新的实践与经验进行分析。

（一）美国城市更新实践

美国作为一个高度城市化的国家，其城市化率在2020年末已经达到了82.66%，位居世界前列。在20世纪20年代，美国完成了近代工业化的基本进程，成功地一跃而为全球最发达的经济体之一。随着工业化进程的加速，美国城市规模不断扩大，为了适应这一变化，美国展开了长达一个世纪的城市更新运动。这场城市更新运动的背后是对工业化和城市发展的协调与规划。经过漫长的历史沉淀，美国的城市更新实践形成了相对成熟的章法。这一章法涵盖了多个要素，包括基础设施建设、公共服务等，形成了一个全面均衡发展的标准流程。这个流程的制定经验不仅对美国自身的城市发展具有指导意义，也为其他国家提供了宝贵的学习借鉴经验。[10]

1. 城市更新历程

认识到城市更新所带来的社会问题后，1965年，美国设立住房与城市发展部（HUD），并推出"模范城市计划"。该计划旨在通过示范街区发展，解决城市贫困问题，将综合治理纳入城市更新的首要工作，全面提高居民的生活质量。1974年，美国通过《住房与社区开发法》，标志着小规模分期改造方式逐渐替代了大规模改造形式。在20世纪80年代初，里根总统宣布逐渐减弱政府在城市更新中的作用，鼓励私人发展商的投资。城市更新的目标也由社会改善转变为促进经济增长。私人部门的投资逐渐发挥重要作用，城市更新主要以中心区商业复兴为主。然而，由于私人利益驱使，城市更新带来了社会断裂和居住隔离等不稳定因素，公众对城市更新的公共利益产生强烈质疑。

到了20世纪90年代，政府、私有企业和社区之间的合作关系进一步加强。同时，在 20 世纪 80 年代末可持续发展观念的影响下，城市更新从最初以经济增长为目标的物质环境更新，转变为经济、社会、环境等多目标的综合更新。在这一时期，城市形象和文化内涵开始受到重视。城市更新不再仅仅追求经济发展，更注重实现多方面的综合更新目标。[11]

2. 城市更新举措税收奖励措施

美国在推动旧城更新改造方面采用了税收奖励措施，主要包括三种实施方式。首先是授权区（EZS），在联邦、州和地方层面运作，将税收奖励作为城市更新的政策工具。其次是税收增值筹资（TIF），是一种由州和地方政府使用的融资方式，旨在吸引私人投资，促进地区再开发。第三种是商业改良区（BID），是一种基于商业利益自愿联合的地方机制，通过征收地方税为特定地区的发展提供资金来源。这些措施为城市更新提供了财政支持。[12]

政府在城市开发方面还通过提供资助等多种方式推动城市更新。例如，"新城镇内部计划"利用社区开发街道资金资助城市开发，联邦政府期望通过资助私人投资来推动城市发展。此外，1974 年颁布的《住房和社区开发法》实施城市开发活动津贴，资助私人和公私合营的开发计划，使私人开发商和投资者能够获得与其他地方同等水平的回报。

在城市文化保护方面，美国政府虽然大多数情况下不直接领导文化机构，但存在一些完全由城市管理的机构，如底特律艺术博物馆，它见证了底特律汽车工业的发展历程，被评为美国第二大市属博物馆。[13]

此外，城市还采取了一系列公共艺术和文化活动措施，如夏季文化节。美国各城市每年夏天都会举办文化节，包括古典音乐节、蓝调文化节、歌剧节、电影节等。通过这些文化节，城市不仅保证了公园的人流量，也让大多数人有机会接触到文化，同时也维护了城市治安。

在城市文化产业发展方面，美国采取了去中心化的方式，反对政府直接干预。然而，近年来，随着全球文化战略的兴起，美国政府开始反思城市文化政策对当地文化产业发展的作用。许多城市加大对文化产业的扶植力度，通过修改工业发展债券、提供税收优惠和直接资助等方式支持从事文化产业的企业，以促进城市文化产业的健康发展。

美国的城市更新由私人开发商主导的以振兴经济为目的商业性开发走向以经济、环境与社会等多目标的综合性更新，着力于出台政策，帮助公众与开发商去把握公共利益与投资利润的平衡点，维护公平。同时，注重本土文化与城市更新的结合，不断发展文化产业。但因美国城市更新的片段化，也带来"绅士化""内城塌陷"等一些难以解决的城市与社会问题。

（二）英国城市更新实践

英国作为世界上城镇化水平最高的国家之一，其城市更新实践展现了出色的适应能力。公开报告显示，截至 2019 年，英国的城镇化率接近 90%，这主要得益于其城市更新策略不断与社会发展保持同步。与美国的实践相类似，英国的城市更新侧重于清除贫民窟、邻里重建以及社区更新，城市更新理念也由最初的单一目标，即物质环境更新，逐渐演变为更为综合、层次丰富、内容广泛的可持续更新。[14]

1. 城市更新历程

英国的城市更新历程可以追溯到 20 世纪 30 年代，当时的主要目标是消除贫民窟，改善旧城区中贫困层的住房条件。在这一时期，共有 27 万套住房建设用于改造贫民窟。到了 20 世纪 60 至 70 年代，英国政府推出了一系列计划，包括"社区发展项目"和"综合社区计划"等，旨在振兴陷入衰败的内城，改善物质环境，提高社会福利。1980 年，以市场为主导的"城市再生"政策应运而生，引导私人投资，引入了城市开发公司等市场化措施，公私合作成为当时城市更新的显著特点。随着全球化和公民社会的影响逐渐显现，进入 21 世纪后，社区的作用日益凸显，英国政府出台了"城市复兴"政策。这一政策着眼于长期解决城市面临的经济、社会和环境等综合性问题，将焦点放在社区上，鼓励社区与邻里、地方、区域甚至国家层面共同合作，共同探索社区未来的发展路径。希望城市能成为经济的动力源，将其活力辐射至核心以外，不仅造福城区居民，还应影响周边地区，实现社会的整体可持续发展。[15]

随着公私合作的加强，公众参与度成为一个关键环节。英国政府逐渐将关注焦点从直接介入地方事务转向加强公众参与，鼓励相关利益相关者建立合作伙伴关系，共同竞争。公众参与不仅成为城市更新政策中的重要组成部分，还将城市更新的可持续发展理念与环境生态、社会公平、文化包容等问题紧密结合。

2. 城市更新举措

实施财政补贴制度及相关基金措施是英国在城市更新方面的重要举措。从 20 世纪 30 年代开始，英国政府实施了按人口安置补贴的财政补贴制度，至今已有 80 多年的历史。同时，为支持城市更新项目，英国政府设立了多个相关基金，其中包括城市开发资金、城市资金以及城市更新资金等。这些基金的设立旨在提供资金支持，推动城市更新的顺利进行。

为有效实施城市更新，英国成立了相应的城市更新机构。在 1980 年，英国设立了城市开发公司，每个开发公司负责特定城市区域的更新工作，致力于吸引私人投资、改造内城地区，实现内城复兴的使命。此外，英格兰合作组织的设立进一步整合了英格兰所有城市更新的权力和活动，负责土地征用，并专注于对投资下降、未充分利用以及闲置土地的更新活动。

在城市更新的过程中，英国注重文物保护。采用整旧如旧的方法，英国力求将对历史建筑物的破坏程度降到最低。与此同时，为保持建筑物的风格和特色，还会建造与其相适应的配套建筑，以使其能够自然和谐地融入周围环境。这一综合的更新策略旨在确保城市的历史和文化遗产得到有效保护，并在更新过程中实现可持续发展。

英国的城市更新经历了由政府主导的贫民窟运动以后，私人开发商开始介入，城市更新逐步走向以利益为导向的市场化经营。在经过一系列的城市问题以后，英国政府将社会、经济和环境纳入城市更新的决策中，通过政府、市场和社区三方力量相协调达成更新目标。此后无论是基于城市中心区经济与物质发展的"城市复兴"战略，还是基于解决内城贫困与社会排斥的"街区更新"策略，以及后来采取地方主义和社区主导的以驱动城市经济增长方式的城市更新，国家与政府的政策引导发挥着重要作用，更新尤其重视社区、志愿者与慈善机构的作用，还有社会问题、养老与福利以及就业等问题。

（三）法国城市更新实践

1. 城市更新历程

法国为解决住房危机，推出以促进住房建设量为首要目的的住房政策，主要表现为对城市衰败地区的推倒重建，重组并调整居住区空间结构。此外，法国还考虑重建生产型经济实体、道路以及公共设施（医院、学校等），以重塑城市活力。[16]

在20世纪60年代这一时期，法国处于战后黄金30年的后期，国家开始注重城市管理。1967年颁布了《土地指导法》，提出对城市进行基础设施建设与有计划的开发规划。然而，20世纪70年代的经济危机导致城市环境改善取代了城市新建与扩建的重要性。为了应对这一挑战，1977年法国设立了城市规划基金，专门用于传统街区和城市中心区的改造。旧区改建、住宅更新、环境保护以及限制独立式住宅的蔓延成为这一时期大众关注的问题，也标志着法国开始城市化管理的关键时期。[17]

随着20世纪80年代法国面临经济危机，1982年颁布的《权力下放法案》标志着政府有权制定与管理城市用地规划文件，并形成了合同式合作关系。在住区建设方面，法国在1984年建立了城市发展跨部门委员会和城市社会发展基金。20世纪80年代末，又成立了城市发展国家顾问委员会。进入20世纪90年代初，法国颁布了《城市发展方针法》，为城市更新提供了法规保障。1993年，法国制定了《城市合同法》，1995年颁布了《国家领土发展规划法》。这一系列的公共部门成立和法律法规的制定，为城市更新资金来源、关注居民生活质量、基础设施配套与服务水平、城市街区复兴、公共空间建设等大众公共利益的建设项目提供了保障，并发挥了重要作用。

进入21世纪，法国颁布了《社会团结与城市更新法》，对社会住宅的均衡分配发挥了积极作用。法国一直注重保护性更新，尤其是对于历史悠久的城市，侧重于对旧区的活化再利用。这一综合的城市更新策略不仅涉及住房政策，还关注城市的整体发展和社会公益，使法国在城市更新领域取得了显著的成就。

2. 城市更新重要举措

法国在城市更新方面采取了一系列重要的举措，其中法律政策发挥了指导性的作用。早在19世纪末，《工人阶级住宅法》就要求地方政府对不符合卫生条件的旧社区房屋进行改造，为城市更新奠定了法律基础。此外，法国注重对旧城区的保护性更新，特别是对于具有悠久历史文化的城市。在活化和再利用旧城区时，法国致力于在保护历史文化遗产的基础上进行建筑物维修和城市街区改造。

公共部门在保障城市更新资金方面发挥了重要作用。为了确保城市更新的资金来源，法国的公共部门通过全额或部分投资城市建设、基础设施、居住环境、活动场所以及公共空间，提供必要的财政支持。举例来说，巴黎市政府与私营公司合资成立了一个专业化投资公司，出资占51%的股份，以支持旧城改造项目。这种公共部门与私营合作的模式有助于保障城市更新的可持续发展。

法国主要通过制定相应的法律来保障城市更新的顺利进行，可以说法国的城市规划立法与公共部门在城市更新过程中发挥着十分重要的作用，为促进社会融合，保障社会住宅建设数量与住房质量提供了确切的依据。同时，法国依靠政府加强基础设施的建设，提高城市环境质量，以保护性更新对旧城区进行改造，让拥有历史文化遗产的城市得以存活。

（四）荷兰城市更新实践

1.城市更新历程

荷兰的城市更新计划，尤其是自1995年以来的大城市政策，是在特定背景下制定的。这一背景既包括1975年启动的旧城市更新计划，也包括1995年开始的大城市政策，以及21世纪以来的新城市政策。荷兰的城市政策具有明显的区域自治特征，即"区域本位"（Area-Based）的特点。这一特征在很大程度上受制于荷兰的地方自治传统。按照《住房法》规定，居者有其屋是中央政府的责任，但具体执行主要由各种自治城市负责。荷兰的城市更新计划经历了多次调整，但总体而言，随着荷兰少数族群人口的增加，城市对于少数族群聚居"去隔离化"的政策仍将持续调整。[18]

2.城市更新举措

建立推动旧城更新的社区办公室是一项积极的城市更新举措。在每个城市更新地区成立独立的社区办公室，其任务包括组织并制定本地城市改造更新的详细规划，并负责组织实施。这些规划不仅被视为社区与市政府之间的法律契约，约束着区内所有建设行为，还作为政府拨款的依据。社区办公室通常设有专门的工作小组，负责具体的更新项目实施，如社会住宅分配标准、房屋改建与新建、居民安置或小企业安置等。此种基于社区参与的模式有助于确保城市更新项目更符合当地居民的需求和利益。

在市场导向的城市更新计划中，荷兰采取了多样化的住房供给措施。这种实践基于市场经济原则，通过重新构建住房市场供给来实现城市经济的复兴和基础设施的改善。具体而言，这包括三个方面的策略。首先，通过增加住房供给，以满足战后经济繁荣带来的不断增长的住房需求。其次，通过改变中心城区的住房供给结构，引入住房混合的理念，促进社会整合。最后，通过改善中心城区的居住环境，吸引高端人群入住，以实现居住格局的阶层混合和族群整合。这些策略不仅确保了住房的多样性，同时也有助于提升城市的社会经济发展。

对于荷兰的"城市更新计划"有两方面的结论：一是对整体而言，因为对社会整合难以统一定义，衡量标准难以一致，所以效果难以判定。"城市更新计划"的实施的确对城市老旧小区居住品质的提升有积极作用，但同时也导致低收入群体从中心城区迁出，反过来滋生出社区问题。二是就某些具体领域而言，有些方面效果较好，有些方面并无效果，主要通过对住房结构的空间混合以实现人口结构的少数族群的社会整合。

（五）新加坡城市更新实践

1. 城市更新历程

新加坡的城市更新历程是其成功转型的重要组成部分。自1959年实现自治以来，新加坡经过几个阶段的城市更新，从20世纪60年代的"贫民窟"逐渐发展成为当今的世界城市。其中，城市更新为其提供了有效的空间和功能载体，为城市的繁荣发展提供了关键支撑。

在1960年成立建屋发展局（Housing Development Board）之后，新加坡政府成为公共住房的主要开发者。通过中心区产业升级和中心分散等策略的实施，城市逐步实现了转型。1971年，通过大规模的拆除重建，新加坡成功消除了贫民窟，移民文化和殖民文化的特征逐渐消失。这为新加坡在国际舞台上的崛起打下了坚实的基础。

进入20世纪90年代，新加坡迅速崛起为重要的国际金融中心之一。城市发展呈现出全球性特点，中心城区成为城市国家的全球形象的代表。新加坡政府在这一时期采取了大规模的基础设施建设，投资30亿新元以带动公共和私人投资。特别是滨海湾地区成为新加坡最宏大的城市建设工程之一，旨在打造一个可持续发展的社区，集工作、生活和游憩于一体。这一地区成为新加坡形象的代表和财富的象征。

在这一阶段，政府和私营部门继续采取合作开发的方式，共同推动城市的发展。这种合作模式有效地促进了城市更新，确保了城市建设的顺利进行。新加坡的城市更新经验为其他国家提供了可借鉴的成功范例。

2. 城市更新举措

新加坡在城市更新方面采取了一系列重要的举措，以促进城市的可持续发展：

首先，新加坡设立了专门的城市更新管理部门。城市更新管理部门经历了多次演变，从最早的改良信托局（SIT）发展到现在的城市更新局（URA），在推动新加坡的旧城改造方面发挥了重要作用。

其次，新加坡重视概念规划的指导作用。概念规划在1971年得到联合国开发计划署的援助，并指导了新加坡城市的长期开发。在20世纪90年代初，由于原有城市规划无法满足长期发展目标，URA实施了两级计划，修订概念规划并制定55个发展引导计划，从而为城市的长期发展提出了愿景和详细规划。

此外，新加坡注重引入私人资金。早在20世纪70年代，新加坡就开始引入私人投资进行城市更新。在新的规划体系实施时，政府通过集中整合土地，进行相关配套基础设施建设，为私人投资者提供激励政策，以实现土地开发收益，推动城市的更新和发展。

最后，新加坡将城市开发与保护相结合。1996年，政府对保护方针进行了修改，为旧建筑赋予更大的灵活性，鼓励业主进行创造性的修复，以使保护区更具地方特色。这一举措促使了城市更新过程中的可持续发展，并为城市的独特性和文化传承提供了支持。这些城市更新的举措使新加坡成功实现了从"贫民窟"到国际城市的华丽转变。

新加坡，尤其是市中心的城市更新是城市建设成功的象征，展示了一个土地资源稀缺的岛国如何平衡好经济、社会和环境目标的发展过程。

（六）日本城市更新实践

按照日本《城市规划法》规定，日本城市开发项目包括三类：第一类是土地重划，第二类是旧城改造，第三类是新建住宅开发。[19] 但是只有像东京这样的大城市才会进行新建住宅的开发项目。因此，现在日本城市开发的重点在于前两项，即土地重划和旧城改造。

1.城市更新历程

随着新兴工业的发展和技术水平的提高，大量人口涌入大城市，导致原有的城市工业厂房和商业用地已经难以满足经济发展的需要。为了应对这一挑战，20世纪60年代开始，日本政府着手发展新城市，其中在东京湾区建设了临海新城，形成了一个人口达三千万的巨大都市圈。然而，面对城市问题的日益突出，日本政府于1977年推行了绿带计划，旨在限制东京的无序扩张。在20世纪80年代，为应对城市发展的需求，日本政府开始进行城市更新，并利用地下深层空间设施，以更有效地利用有限的城市空间资源。

2.城市更新重要举措

建立健全城市更新制度体系是日本城市更新的一项关键举措。《建筑基准法》和《城市规划法》的规定为提供公共空间等改善城市公共环境的建设项目提供容积率奖励，从而激励了民营资本积极参与城市建设，减轻了政府在城市环境方面的财政负担。城市更新的前提是多方利益的平衡，而在日本，土地私有制是城市开发和演变中至关重要的因素。城市更新项目牵涉到土地权利人、政府和项目实施主体，其中土地权利人包括土地所有人和相关权利人，项目实施主体涵盖政府开发机构和民营资本开发商。因此，城市更新项目的确定必须以这三方之间的共识为前提。

为了解决城市更新所需的资金问题，日本政府采取了激励政策，向项目提供公共补助金和税收优惠，尤其是容积率奖励，以鼓励民间资本进行大规模的城市开发。在大型城市更新项目中，政府与民营资本的合作机制至关重要。在城市更新中，日本注重保护历史建筑，并与城市更新同等重要。对于传统建筑，日本强调保存和加强文化独特性；而对于近代建筑，则注重再利用原则，强调最大化城市景观和功能的作用。这一理念体现在东京日本桥地区的改造中，其中古老的历史建筑与现代风格的建筑相融合，促进了历史与当代、文化与商业金融等元素的和谐共存。

在日本城市更新中，注重建筑物功能的复合利用，满足了土地权利人多样性的需求。近代建筑的设计和建造充分考虑现代性和实用性，使得建筑物在功能复合方面更为丰富，既包括办公、住宅，又包括商铺和休闲空间。这种多功能性的设计提升了建筑物的综合利用价值。

日本由于战争及土地面积的限制，需要更新的区域普遍存在街道狭窄曲折、土地划分零碎且形状不规整、土地权属不同的土地所有人等问题，无法进行大规模的城市更新，主要以土地重划的方式来实现城市的更新项目，确保土地所有人在城市更新实施前后的资产实现等价交换。可以说日本在有限的国土面积上充分发挥了城市更新的功能，丰富了城市更新的内涵。

二、国际城市规划的启示

城市更新在城市发展中的作用愈加凸显。在借鉴国外城市更新理论与实践的基础上，得出四点启示。

（一）城市更新要完善法律法规体系，初始预防优于后期补救

综合以上国家的实践经验来看，美国、法国、荷兰、日本四个国家在城市更新过程中高度重视法律法规的建设，这一制度体系贯穿于城市发展的各个层面，发挥着规范作用，确保了城市的有序发展。这些国家的实践为中国城市更新立法提供了有益的启示。首要的是，政府的更新理念和目标对城市发展方向至关重要，而更新政策法规则是实现城市更新顺利进行的基本保障。因此，早期应确立正确的更新理念与目标，并建立健全更新法规体系，包括规划编制和实施方面的体系。城市更新作为城市高质量发展的一种规划形式，政府的更新理念应注重综合效益，而不仅仅停留在"经济与物质空间决定论"的层面。为了保证复杂的更新规划高效实施，法规体系的制定应具有预见性，充分借鉴成功经验。

其次，城市更新从最初的简单物质空间更新逐渐发展为后期的综合性城市更新。早期更新方式的片面性可能导致后期发展的许多问题，因此应尽早适应地方城市在社会文化、政治经济和美学等方面的发展趋势，采用综合性城市更新的思维模式研究各地城市更新项目。这种提前的综合性研究有助于避免后期问题的发生。

最后，城市更新是一个系统性的工程，因此需要建立系统的更新规划体系，避免碎片化更新带来的协调性问题。在这一过程中，应特别关注大众居民的日常生活需求功能的完善，同时重视城市特色的塑造。鉴于中国城市普遍存在城市特色缺失问题，城市更新可以成为解决这一问题的手段，通过建构城市文化和营建城市地方性空间，提升城市的整体形象。

（二）城市更新要因地制宜、因时而异，注重历史文化保护

在国外城市更新的实践中，其灵活性和因地制宜的特点表明城市更新并非静止的过程，而是与时间和地域的变化相互关联的。这一特点为中国城市更新提供了有益的启示，强调了以发展的、长远的视角来看待城市更新，并根据不同地域的文化特色来制定更新策略，避免同质化的更新。在这一过程中，城市历史和文化的保护至关重要，可以通过巧妙整合城市的历史遗产来增添城市的魅力，凸显城市的独特特色。

在中国城市更新的实践中，应该借鉴英国在保护历史基础的前提下发展继承的更新模式。不同于采用大拆大建的方式，中国的城市更新可以通过对历史气息浓厚的旧城区进行系统性挖掘，将新的城市发展与古老的历史建筑相结合。这样的做法有助于以老城区中现有的历史记忆点为基础，结合地区周边的特色资源，形成具有地方特色的体验旅游区与旅游节点，延续城市的历史文脉。这种以历史文化为基础的更新方向，有助于打造城市的独

特韵味，为城市增色不少。

美国的文化产业、英国的特色城市、法国的旧城文化以及日本的历史建筑都为城市文化的保护树立了榜样。这不仅能够提升城市的魅力，还赋予城市更为丰富的历史内涵。作为一个拥有五千年历史文化的国家，中国在城市更新过程中应当注重将现代城市与悠久的文化底蕴相融合，以打造属于中国的独特城市文化。这样的做法不仅有助于城市形象的提升，也为城市注入了独特的灵魂与气息。

（三）城市更新应强调以人为本，建立多方合作关系

在当前城市更新的实践中，强调以人为本、建立多方合作关系是中国城市更新需要重点关注的方向。通过对国内外城市更新理念和管理方式的演变观察，可以发现城市更新已经由最初的政府主导逐步转变为多方合作和人本化的趋势。这一转变表明，城市更新需要借助各方的力量，共同完成对城市的综合性改造。

首先，城市更新要注重以人为本。在城市规划和设计中，现代科技应用的前沿成果应该得以充分利用，从整体生态功能的角度出发，考虑城市景观、城市廊道、景观线等多元化需求。此外，城市建筑材料的选择也应该注重环保，倡导使用符合可持续发展原则的材料，以确保城市更新的可持续性发展。

其次，由于政府资源有限，城市更新需要引入私营部门的投资。在吸引私营投资的过程中，政府应充分考虑公共利益，并保证社区的参与。政府在城市更新中的角色应该更多地发挥协调、引导、监督和调节的作用。这样的多方合作关系模式有助于实现城市更新项目的有效实施，同时也能平衡各方的利益。

最后，城市更新的决策模式也呈现出自上而下到自下而上的转变。这一转变提高了城市更新的透明度、民主性和利益权衡，使得决策更加符合广泛社会的期望。因此，城市更新需要借鉴这种新的决策模式，使得城市更新能够更加贴近市民的需求，实现更为全面的城市发展目标。

（四）城市更新要提升人居环境和公众参与度

在城市更新的实践中，人居环境的提升和公众参与度的加强是至关重要的。公众作为城市更新的主体和空间的使用者，其参与度的提升对于城市更新的成功至关重要。借鉴以上国家的实践经验，特别需要重视公众参与度，并在规划和决策过程中多方考虑居民的需求。

城市更新是一项综合的社会工程，而城市的居民是这一过程的主体。因此，在城市更新规划决策之前，政府应该积极吸取公众的意见，倡导多元参与，确保决策更符合广泛社会的期望。这可以通过开展公开听证会、座谈会、调查问卷等形式实现，以搜集居民的意见和建议。

在提升人居环境方面，可以采取一系列措施。例如，在旧城公共空间的设计中，应加强对步行街的保护和改造，提高旧城区开放空间的环境质量，增强舒适性。对于旧城区公共空间缺乏的问题，可以根据旧城整体风貌，增加供人们休息娱乐的开放性公共活动空

间，并注重公共活动空间的品质。通过这些措施，可以创造更宜居的环境，提高人居环境的质量，满足居民的实际需求。

因此，城市更新要以人为本，通过提升人居环境和加强公众参与度，实现城市更新的可持续发展。

第二节　新型城市规划理念与方法探讨

一、新兴城市规划理念的涌现

（一）可持续发展

1.可持续发展的背景

可持续发展理念在新型城市规划中的涌现是对传统规划模式的一种回应。传统规划主要关注城市短期的经济效益，而在全球环境问题日益凸显的今天，可持续发展成为引领城市规划的重要理念。

2.环境保护与资源利用

规划师在可持续发展的框架下，应着眼于城市环境的保护和资源的有效利用。通过科学合理的城市布局，建设生态友好型城市，降低碳排放，提高资源利用效率，以实现城市长期的稳健发展。

3.社会、经济和环境的平衡

可持续发展要求在规划中平衡社会、经济和环境的发展。规划师需要注重社会公平，促进城市居民的共享发展；经济发展要有稳健可持续的基础；环境要得到有效的保护，实现城市的全面可持续性。

（二）智慧城市

1.技术发展对城市规划的影响

随着信息技术的迅速发展，智慧城市成为新型城市规划的前沿。数字技术的广泛应用为城市提供了更多的数据和管理手段，极大地影响了城市规划的理念和方法。

2.大数据与物联网在城市规划中的应用

规划师需要思考如何充分利用大数据和物联网技术，实现城市管理的智能化。大数据分析可以为城市提供更准确的发展方向，物联网则实现了城市各要素的互联互通，促进城市各个方面的协同发展。

3.提升城市运行效率和市民生活品质

智慧城市的建设不仅关乎城市的运行效率，更关系到市民的生活品质。规划师应思考如何通过科技手段，优化城市交通、能源利用、公共服务等方面，使城市更具智能性，为市民提供更便捷、高效、宜居的生活环境。

（三）人本主义规划

1. 人本主义规划的理念

人本主义规划强调人文关怀，将人的需求和体验置于规划的核心位置。在新型城市规划中，规划师需要更加关注城市居民的感受和期望，注重打破传统规划的僵化框架，赋予城市更多的温度和人情味。

2. 社区参与规划决策

人本主义规划要求规划师更加关注社区居民的意见和需求。规划师应通过开展社区参与活动，听取居民的意见，使规划更贴近居民的实际需求，建立起规划师与社区居民的紧密联系。

3. 打破传统规划框架

为实现人本主义规划，规划师需要打破传统规划的僵化框架，更加灵活地应对城市发展的多样性。

二、新型城市规划的挑战与前景

新型城市规划理念和方法的涌现为城市发展带来了前所未有的机遇，然而也面临一系列挑战。如何在尊重自然、注重社会公平、提升科技水平的同时实现可持续发展，是新型城市规划亟须解决的问题。未来，城市规划师需要在理念与方法的创新中不断进取，推动城市规划工作走向更加科学、人性化、可持续的方向。

（一）新型城市规划的机遇

1. 可持续发展的推动

新型城市规划理念强调可持续发展，通过合理规划城市布局、优化资源利用，推动城市向更加环保、经济高效、社会和谐的方向发展。城市规划师需要在可持续性的指导下，积极引导城市发展，实现资源的有效利用和自然环境的保护。

2. 社会公平与包容性

新型城市规划注重社会公平，关注城市居民的平等权利和获得公共资源的机会。通过合理规划住房、教育、医疗等基础设施，城市规划师可以促进社会公平，缩小城市内部的社会差距，实现城市的包容性发展。

3. 科技创新的应用

新型城市规划充分利用科技创新，通过大数据分析、人工智能、虚拟现实等技术手段，提升规划的科学性和实效性。城市规划师需要深入了解科技的最新成果，将其应用于规划实践，推动城市规划与科技的深度融合。

（二）新型城市规划的挑战

1. 生态环境压力

新型城市规划面临生态环境的巨大压力。城市化过程中，土地利用、水资源管理、生态系统保护等问题日益突出。城市规划师需要在规划中考虑生态系统的保护，制定合理的生态恢复和保护政策，应对城市发展中的生态挑战。

2. 社会矛盾与利益冲突

城市规划涉及多方利益，社会矛盾和利益冲突是规划过程中的困扰。居民的利益、开发商的需求、政府的规划目标可能存在矛盾。城市规划师需要在协调各方利益的同时，保障公共利益，实现城市规划的整体性和长期性。

3. 技术与社会融合的挑战

科技创新的快速发展带来了新型城市规划方法，但城市规划师需要应对技术与社会融合的挑战。城市居民对新技术的接受度、隐私保护等问题需要得到妥善处理。城市规划师在推动科技创新的同时，需平衡技术发展和社会伦理的关系。

（三）未来城市规划的前景

1. 智慧城市建设

未来城市规划的核心趋势之一是更加注重智慧城市建设。这一新兴理念源于物联网、5G 等先进技术的广泛应用，为城市提供了实现高效资源利用和智能管理的机会。智慧城市建设既是城市规划的发展方向，也是适应社会进步、提高城市生活质量的必然选择。

首先，智慧城市的概念理解。智慧城市是一种基于信息技术的城市发展理念，通过网络连接和数据分析等手段，实现城市各个领域的智能化管理和运营。这一概念强调信息的高度流通和城市系统的高度集成，旨在提升城市的整体运行效率，改善居民生活品质。在规划智慧城市时，需要考虑如何整合各种信息资源，包括交通、环境、能源等，以实现城市资源的精准分配和高效利用。

其次，智慧城市的技术应用。实现智慧城市建设离不开先进的技术支持。物联网技术使得城市中的各种设备能够互相连接，形成一个庞大的信息网络。而 5G 技术则提供了更快速、更可靠的数据传输通道，使得城市数据的采集和处理更加高效。在智慧城市建设中，人工智能的应用将起到关键作用，通过机器学习和大数据分析，实现城市管理的智能化和个性化。

再次，智慧城市对城市未来发展的战略指导。智慧城市建设对城市未来发展提供了战略指导。第一，它促进了城市绿色可持续发展。通过对环境数据的实时监测和分析，智慧城市可以更好地保护生态环境，推动城市向着低碳、环保的方向发展。第二，智慧城市建设有助于提升城市治理水平。智能化的城市管理系统可以更迅速、精准地响应市民需求，提高城市应对突发事件的能力。第三，智慧城市建设为城市经济创新提供了新的动力。通过数字化技术的应用，城市可以更好地培育和吸引创新产业，提升城市经济的竞争力。

最后，智慧城市建设对城市规划的积极影响。智慧城市建设对城市规划有着积极的影响。第一，它强调信息的整合，要求规划师在城市设计中考虑各类信息的流通和共享，以实现城市系统的高度集成。第二，智慧城市建设鼓励规划师注重技术的应用，提高城市规划的科技含量。规划师需要了解并运用物联网、5G 等技术，以更好地推动城市的数字化转型。第三，智慧城市建设倡导智能化管理，规划师应思考如何在城市设计中引入智能系统，提升城市管理的效率和水平。

2.社区参与的强化

（1）构建有效的社区参与机制

社区参与是未来城市规划中不可或缺的一环。首先，需要构建有效的社区参与机制。规划师应该通过建立在线平台、组织社区论坛等方式，让居民更便捷地参与到规划过程中。社区居民的参与不仅是一种民主决策的体现，还能够有效地整合各方需求，使规划更贴近实际，更符合居民期望。

（2）促进居民对规划的深度参与

社区参与不仅仅是听取居民的意见，更要促进他们对规划的深度参与。其次，规划师可以组织专业培训，提高居民对城市规划的理解和参与水平。通过向居民普及城市规划知识，使他们能够更具建设性地参与规划讨论，从而为规划提供更多元、更专业的意见。

（3）强化社区参与在决策中的权威性

社区参与不仅要有广泛性，更要有权威性。规划师应确保社区代表能够真正代表居民利益，而不是成为形式主义的象征。再次，建立明确的参与权责体系，确保社区居民在规划决策中的权威性。规划师可以通过设立居民代表机构、建立社区自治组织等方式，让居民在规划中的参与更具实质性。

（4）社区参与规划决策的无缝衔接

社区参与不能仅仅停留在听取意见的层面，还需要与规划决策实现无缝衔接。最后，规划师应该建立起高效的意见反馈机制，确保社区居民的建议能够被及时纳入规划中。通过及时沟通、透明决策等手段，实现社区参与规划决策的良好互动。

在未来城市规划中，社区参与的强化不仅仅是一项政策要求，更是实现城市可持续发展的必然选择。通过建立有效机制、促进深度参与、强化权威性以及实现与规划决策的衔接，社区参与将成为城市规划中不可或缺的重要环节，推动城市规划更加贴近居民需求，更符合城市的整体发展方向。

3.生态文明的实现

未来城市规划将更加强调生态文明的实现。规划师需要在规划中融入生态保护的理念，通过绿色基础设施建设、城市绿化等手段，实现城市与自然的和谐共生。

（1）在城市规划中整合生态保护理念

未来城市规划的核心将是生态文明和可持续发展。规划师需要在城市规划的初期就将生态保护的理念贯穿于整个规划过程。通过对城市生态系统的深入分析，规划师可以制定相应的策略，确保规划方案不仅符合城市的经济和社会需求，更考虑到对自然环境的尊重和保护。

（2）绿色基础设施建设的优先考虑

生态文明的实现需要规划师更加注重绿色基础设施的建设。规划师可以通过规划城市公园、湿地保护区、自然保护区等绿色空间，增加城市绿化率，改善城市环境，提升居民的生活品质。同时，规划师还需合理规划城市交通，推动绿色出行方式的发展，减少对自然资源的过度消耗。

（3）资源循环利用与可持续性发展

生态文明的实现需要规划师更加注重资源循环利用与可持续性发展。规划师应该研究城市的资源流动，制定相应的规划策略，推动城市向着低碳、循环经济的方向发展。通过合理规划城市产业布局，鼓励绿色产业的发展，实现资源的最大程度利用，减少浪费，从而达到可持续发展的目标。

（4）公众参与生态教育的推动

生态文明的实现需要规划师更加注重公众参与生态教育的推动。规划师可以通过开展公众参与活动，引导居民积极参与到生态文明的建设中。同时，规划师还应加强生态教育，提高居民对生态环境的认知水平，培养居民的环保意识，从而形成全社会对生态文明建设的共同努力。

未来城市规划中，生态文明的实现将成为城市可持续发展的关键。通过整合生态保护理念、优先考虑绿色基础设施、推动资源循环利用与可持续性发展以及加强公众参与生态教育的各个方面，规划师可以为实现城市生态文明的目标提供系统性、全面性的规划方案。这将有助于城市在未来的发展中实现与自然的和谐共生，打造更加宜居、宜业、宜游的城市环境。

第三节　未来城市规划的发展趋势与展望

一、城市化发展的新趋势

（一）人口老龄化的挑战与机遇

1. 人口老龄化的背景和趋势

随着社会经济的发展、医疗水平的提高和生活水平的提升，城市人口老龄化呈现出明显的趋势。这一趋势主要源于长寿化现象的增加，对城市规划提出了新的挑战和机遇。

2. 适老化城市环境的规划需求

在人口老龄化的背景下，规划师需要关注老年人的生活需求，包括医疗、居住、交通等方面。适老化城市环境的规划成为刻不容缓的任务，需要合理布局医疗设施，规划老年人友好型住宅区，优化交通系统以适应老年人的出行需求。

3. 社会福祉与老年人服务设施的整合

除了基础设施的规划外，规划师还需要关注社会福祉和老年人服务设施的整合。通过建设社区养老中心、开展社会活动，可以提高老年人的生活质量，使他们更好地融入城市社会。

（二）社会多元化的挑战与包容性规划

1.多元文化的崛起与城市社会结构变革

城市化进程中，多元文化的崛起使得城市社会结构更加多样化。不同文化、宗教、族群的共存和交流成为规划师需要处理的复杂问题。

2.包容性规划的概念和原则

在面对多元文化的挑战时，采取包容性规划策略至关重要。规划师需要遵循包容性规划的原则，通过深入了解各文化群体的需求，推动城市规划更好地服务于不同社会群体。

3.多元文化共生的城市空间设计

为实现多元文化的共生，规划师需要通过城市空间设计来促进各文化之间的融合。创建多元文化主题公共空间、鼓励文化交流活动，使城市成为不同文化群体共同分享与表达的平台。

（三）新型城市功能区划的探索

1.产业结构调整的挑战与机遇

随着产业结构的调整和新兴经济的崛起，城市功能区划需要更灵活的调整。规划师需要洞悉新动能的涌现，理解经济结构的快速变化对城市规划的影响。

2.创新区域的规划与发展

规划师在新型城市功能区划中需要深入研究创新区域的规划与发展。通过合理规划科技园区、创新孵化基地，推动新兴产业的集聚，实现城市经济结构的升级。

3.环境友好型产业集聚区的设计

在新型城市规划中，规划师还需注重环境友好型产业集聚区的设计。通过绿色产业园区的规划，推动城市可持续发展，实现经济与环境的协调发展。

二、科技创新与城市规划的融合

（一）智慧城市建设的前景

1.智慧城市背景与发展趋势

随着科技创新的不断推进，智慧城市建设成为未来城市规划的热点。规划师需要深刻理解智慧城市的概念，把握其发展背景和未来趋势，以引领城市规划走向更为智能化的方向。

2.科技创新在智慧城市中的应用

智慧城市的建设离不开人工智能、大数据、云计算等先进技术的应用。规划师需深入了解这些技术，明确其在城市管理、服务提供等方面的作用，以科技创新为支撑推动智慧城市建设。

3.城市管理效率与服务水平的提升

通过科技创新的深度融合，智慧城市的建设旨在提升城市管理的效率和服务水平。规划师需要思考如何通过智能化手段优化城市交通、能源、环境等方面的管理，使城市更加智能、高效。

（二）数字化规划与空间信息科技

1.数字化规划的概念与意义

数字化规划作为未来城市规划的重要方法，对于实现科技与规划的深度融合具有重要意义。规划师需要深入理解数字化规划的概念，认识其在城市规划中的作用和优势。

2.空间信息科技在城市规划中的地位

空间信息科技，包括地理信息系统（GIS）、遥感技术等，在数字化规划中发挥着关键作用。规划师需熟悉这些技术的原理和应用，运用空间信息科技进行城市空间分析，提高规划的科学性和精准性。

3.科技与规划的深度融合

数字化规划的核心在于科技与规划的深度融合。规划师需要善于运用数字技术，通过数据分析、模拟仿真等手段进行城市规划的决策支持，使规划更具前瞻性和科学性。

（三）可视化技术在规划中的应用

1.可视化技术的发展趋势

随着虚拟现实、增强现实等可视化技术的不断发展，其在城市规划中的应用也日益广泛。规划师需要关注这些技术的最新进展，把握其在规划领域的应用前景。

2.可视化技术在规划决策中的作用

可视化技术为规划师提供了更直观、生动的表达手段。规划师可以借助虚拟现实、增强现实等技术，将规划方案以更立体、具体的方式呈现给决策者和公众，有助于提高规划决策的透明度和参与度。

3.推动公众参与理解

可视化技术的应用不仅仅服务于专业规划人员，也有助于推动公众参与和理解。规划师可以通过可视化手段将复杂的规划方案以更简单直观的方式呈现给公众，促进更广泛的参与和共识建立。

三、生态文明与可持续规划

（一）生态环境保护的新策略

1.生态文明理念的引入与重要性

生态文明理念是未来城市规划中的核心，规划师需要深刻理解生态文明的内涵，认识到保护生态环境对城市可持续发展的重要性。生态文明不仅仅是一种环保理念，更是引领城市规划向更为可持续的方向发展的理念。

2.城市生态系统修复与保护

规划师在制定新的生态保护策略时，需关注城市生态系统的修复与保护。通过绿化计划、湿地恢复等措施，实现城市自然环境的恢复与保育，以建设更为生态友好的城市。

3.低碳、循环经济的城市发展模式

推动城市向低碳、循环经济方向发展是未来生态文明建设的关键。规划师需要制定相应的城市发展模式，倡导绿色出行、低碳产业发展，以减少对环境的负面影响，实现城市的可持续发展。

（二）可持续交通与能源利用

1.新型交通工具的发展与影响

规划师在可持续规划中需关注新型交通工具的发展。电动车、共享交通等新兴交通方式的推广对城市可持续交通产生深远影响，规划师应制定相应策略，推动城市交通的绿色转型。

2.公共交通建设的重要性

公共交通是可持续交通体系的核心。规划师需要通过合理的公共交通规划，提高城市公共交通的覆盖率和便捷性，减少私人汽车使用，从而减缓交通拥堵，降低能源消耗。

3.新能源的广泛应用与城市能源可持续利用

规划师需制定政策推动新能源在城市中的广泛应用。太阳能、风能等可再生能源的利用将有助于城市能源的可持续利用，规划中需要考虑合理的能源布局和利用方式，以确保城市能源的可持续性。

（三）绿色基础设施的构建

1.绿色基础设施的定义与分类

规划师需要深入研究绿色基础设施的概念与分类。城市公园、湿地保护区等绿色基础设施在规划中扮演着重要角色，规划师应理解其不同类型，以确保城市绿化和生态环境的全面提升。

2.自然元素的嵌入与城市绿化率的提升

在城市规划中嵌入自然元素是构建绿色基础设施的关键。规划师需运用景观设计等手段，提高城市绿化率，创造更为宜居的城市环境，使居民能够在自然中得到休憩和放松。

3.生态环境改善与城市居民生活质量提升

通过绿色基础设施的构建，规划师可以实现城市生态环境的改善。公园、湿地等自然空间的建设有助于提高城市空气质量，缓解城市热岛效应，从而提升居民的生活质量。

四、社会参与民主决策的加强

（一）开放透明的规划过程

1.规划过程的开放性与透明性定义

在未来城市规划中，规划过程的开放性和透明性是构建民主决策的基础。规划师需要明确这两个概念，确保规划决策过程更加公正和公开。

2.多元化参与渠道的建立

规划师需要建立多元化的参与渠道，以确保各阶层、各类人群都能参与到规划过程中。通过举办公民论坛、座谈会等形式，让市民在规划中发表意见，使规划更具包容性。

3.利用互联网和社交媒体的广泛参与

借助互联网和社交媒体等新媒体平台，规划师可以实现更广泛的市民参与。通过在线调查、社交平台的讨论，规划师可以收集到更多市民的意见，提高规划过程的民主性和透明度。

（二）社区自治与规划决策

1.社区自治的概念与重要性

社区自治是城市规划中民主决策的基础。规划师需要理解社区自治的概念，认识到社区自治对于规划决策的积极作用，推动社区居民更加主动参与规划事务。

2.社区居民组织参与规划决策

规划师应鼓励社区居民组织参与规划决策。通过支持社区居民组织的发展，规划师可以促使更多的市民参与到规划的制定和执行中，从而实现规划决策更加符合社区需求。

3.社区自治与规划的有机结合

规划师需要在规划中融入社区自治的理念。通过与社区居民充分沟通，将社区居民的意见与规划融为一体，实现规划与社区自治的有机结合，确保规划更加符合实际情况。

（三）创新参与方式与科技手段

1.创新参与方式的重要性

规划师需要意识到创新参与方式对于提升社会参与民主决策的效果至关重要。新的参与方式能够吸引更多市民参与，使规划更具广泛性。

2.科技手段在规划中的应用

规划师可以利用科技手段，如虚拟现实、数字化意见收集等技术，在规划中实现更加直观、高效的市民参与。这些科技手段有助于打破传统参与方式的局限，提升市民的参与体验。

3.确保决策的代表性和民意基础

通过创新参与方式和科技手段，规划师需要确保决策的代表性和民意基础。避免决策过程中的偏见和片面性，使规划更贴近市民需求，更符合多数人的期望。

五、全球化背景下的城市规划

（一）城市国际化的战略布局

1.全球化对城市的影响

全球化使城市在国际体系中扮演更为重要的角色。规划师需要深刻理解全球化的背景，认识到城市在全球经济和文化交流中的战略地位。

2.制定城市国际化的战略布局

规划师需要制定城市国际化的战略布局，明确城市的发展目标和定位。这包括吸引国际资源、人才和投资，提高城市的国际竞争力，使城市更好地融入全球化浪潮。

3.国际化布局中的城市规划

在城市规划中，国际化的布局需要考虑城市的空间结构、产业布局、交通网络等方面。规划师应制定相应的政策，引导城市在全球化进程中形成更加有活力和竞争力的发展格局。

（二）跨国城市间的合作与交流

1.强化城市合作协议

未来城市规划需要通过城市合作协议等方式，加强跨国城市间的合作。规划师应推动城市之间建立紧密的合作关系，共同应对全球性问题，分享先进的城市管理和规划经验。

2.国际会议的组织与参与

规划师可以通过组织或参与国际会议，促进城市间的交流与合作。这有助于规划师深入了解其他国家的规划理念和实践经验，为本地规划提供新的思路和借鉴。

3.跨国城市间的数据分享

在全球化时代，城市规划需要更多地依赖数据支持。规划师应鼓励跨国城市间的数据分享，通过共享城市统计数据、规划信息等，促进城市规划的科学性和先进性。

（三）文化融合与城市特色的保护

1.文化融合的重要性

在全球化的进程中，规划师需要注重文化融合。这不仅包括国际文化元素的引入，更要强调城市内部不同文化的融合，形成多元一体的城市文化。

2.本土文化的保护

尽管城市要在全球化中融入国际文化，但规划师也要注重本土文化的保护。在城市更新和规划中，应当尊重和保护本土文化，确保城市在发展中保持独特的文化魅力。

3.独特城市特色的打造

在城市规划中，规划师应注重打造独特的城市特色。通过在城市设计中融入本土文化元素，创造具有独特韵味的城市空间，使城市在全球范围内更具辨识度和吸引力。

参考文献

[1] 周武忠，蒋晖 . 基于历史文脉的城市更新设计略论 [J]. 中国名城，2020（01）：4—11.

[2] 兰伟杰 . 历史城区的整体价值和多层次价值要素探讨 [J]. 中国名城，2021（07）：11—16.

[3] 程大林，张京祥 . 城市更新：超越物质规划的行动与思考 [J]. 城市规划，2004，28（2）：70—73.

[4] 杨保军 . 关于"推广街区制"的解读 [J]. 地球，2016（03）：19—20.

[5] 朱怿，张玉坤 . "街区住宅"的涵义及其规划设计策略探析 [J]. 建筑学报，2005（10）：10—12.

[6] 曾卫，陈肖月 . 地质生态变化下山地城镇的衰落现象研究 [J]. 西部人居环境学刊，2015，30（01）：92—99.

[7] 缪朴 . 城市生活的癌症——封闭式小区的问题及对策 [J]. 时代建筑，2004（05）：46—49.

[8] 李雯，王吉勇 . 大数据在智慧街道设计中的全流程应用 [J]. 规划师，2014（08）：32—37.

[9] 费彦 . 市场体制下居住区公共服务设施的供应策略 [J]. 南方建筑，2013（04）：103—105.

[10] 郑伟汉 . 英美国家城市更新实践模式综述与启示 [J]. 中国房地产，2021（6）：14—20.

[11] 翟斌庆，伍美琴 . 城市更新理念与中国城市现实 [J]. 城市规划学刊，2009（2）：75—82.

[12] 李爱民，袁浚 . 国外城市更新实践及启示 [J]. 中国经贸导刊，2018（27）：61—64.

[13] 李宁 . 美国城市文化政策的实践及其经验启示 [J]. 中共青岛市委党校青岛行政学院学报，2019（3）：112—116.

[14] 唐历敏 . 英国"城市复兴"的理论与实践对我国城市更新的启示 [J]. 江苏城市规划，2007（12）：23—26.

[15] 曲凌雁 . 更新、再生与复兴——英国 1960 年代以来城市政策方向变迁 [J]. 国际城市规划，2011（1）：59—65.

[16] 陈伟新 . 法国城市建设与管理经验和做法 [J]. 国外城市规划，2002（1）：32—35.

[17] 彭庆军 . "城市更新计划"：荷兰族群聚居 "去隔离化" 政策实践与反思 [J]. 世界民族，2020（3）：34—47.

[18] 任荣荣 . 新加坡城市更新的阶段性特点及启示 [J]. 中国经贸导刊，2020（24）：64—67.

[19] 城市更新：日本东京的经验与启示 [J]. 城市开发，2021（17）：18—21.